中国地质大学(武汉)实验教学系列教材
中国地质大学(武汉)实验技术研究项目资助

实验电化学

SHI YAN DIAN HUA XUE

王圣平　编

中国地质大学出版社
ZHONGGUO DIZHI DAXUE CHUBANSHE

图书在版编目(CIP)数据

实验电化学/王圣平编.—武汉:中国地质大学出版社,2010.9

ISBN 978-7-5625-2488-5

Ⅰ.①实…
Ⅱ.①王…
Ⅲ.①电化学-实验-教材
Ⅳ.①O646-33

中国版本图书馆 CIP 数据核字(2010)第 151538 号

实验电化学 王圣平 编

责任编辑:陈 琪 责任校对:戴 莹

出版发行:中国地质大学出版社(武汉市洪山区鲁磨路 388 号) 邮政编码:430074
电话:(027)67883511 传真:67883580 E-mail:cbb @ cug.edu.cn
经 销:全国新华书店 http://www.cugp.cn

开本:787mm×1092mm 1/16 字数:147 千字 印张:5.75
版次:2010 年 9 月第 1 版 印次:2010 年 9 月第 1 次印刷
印刷:武汉市教文印刷厂 印数:1—2 000 册

ISBN 978-7-5625-2488-5 定价:15.00 元

前 言

电化学是一门建立在实验基础上的较为抽象的学科，具有应用面广、实践性强的特点，涉及能源、材料、生命以及环境等学科。电化学实验是验证、巩固和补充课堂讲授的理论知识的必要环节，可有效提高学生综合设计与创新的能力和分析与解决实际问题的能力。

本教材编写了部分经典电化学实验，主要突出验证性实验的应用背景及研究前沿；同时，根据国内外电化学应用发展动态，编写了部分应用性较强的实验，以激发学生的学习兴趣和创造性思维。

参加本书编写的还有杨丽霞、葛文、杨问华、董学军等同志。编写过程中参考了湖南大学、厦门大学、上海交通大学、郑州轻工业学院等高校的电化学实验讲义，以及国内外有关文献，在此向文献作者表示感谢。

本书的出版得到了中国地质大学(武汉)实验室设备处的资助。

限于编者水平有限，书中疏漏和错误之处难免，恳请读者批评指正。

编 者

2009 年 11 月

目 录

实验一　恒电位法测量金属的阳极钝化行为及其在阴极保护工程中的应用

一、实验目的

(1)掌握稳态恒电位法研究金属钝化的原理和实验技术。

(2)了解金属的阳极钝化现象及因素影响机制。

(3)掌握自腐蚀电势、自腐蚀电流、钝化电势及钝化电流的测定方法。

(4)了解金属阳极钝化机理及实际应用。

二、实验原理

恒电位法也叫控制电位法，就是将研究电极的电极电位依次恒定在不同数值下，同时测量相应的稳态电流值。将所测定的一系列电位值对电流值作曲线，即得稳态恒电位极化曲线。在这种情况下，电位是自变量，电流是因变量，极化曲线表示电极反应速度(即电流密度)与电极电位之间的关系：$i=f(\varphi)$。

稳态恒电位法既可测定阳极极化曲线，也可测定阴极极化曲线，尤其适合测定电极表面状态发生某种特殊变化的极化曲线。如镀铬过程的阴极极化曲线和具有钝化行为的阳极极化曲线，这类具有复杂形状的极化曲线用恒电流法是测量不出来的，只能用恒电位法才可得到真实完整的极化曲线。

恒定电极电位的方法有两种：一种是经典恒电位法，由于这种方法精度差、操作不便，目前已很少使用；另一种是采用恒电位仪提供恒定电位通过电子线路的反馈作用自动控制电极电位恒定。由于恒电位仪可以迅速、准确测量，测量过程可以自动控制，因而获得广泛应用。本实验利用电化学工作站中的恒电位部分。

金属的阳极过程是指金属作为阳极电化学溶解的过程。在化学电源、电解、电镀、金属腐蚀及防护方面的研究和实际应用过程中，都涉及到金属的阳极过程，因此研究金属的阳极行为具有重要的实际意义。

在金属的阳极过程中，当阳极极化还不大时，阳极过程的速度随着电位变正而逐渐增大，这是金属的正常阳极溶解。但当电极电位移到某一数值时，阳极溶解速度随着电位变正反而大幅度地降低，这种现象称为金属的钝化现象。处在钝化状态下的金属，其溶解速度较低。在某些情况下，这正是人们所需要的，例如防止金属腐蚀以及电镀中的不溶性阳极等。但在另外一些情况下，金属钝化都是有害的，例如在化学电源、电冶金及电镀中的可溶性阳极等。

图 1－1 为由恒电位法测得的金属阳极极化曲线(即金属阳极钝化曲线)，图中曲线分为 4 个区域：①AB 段为活性溶解区。此时金属进行着正常溶解，阳极电流随着电位的改变服从 Tafel 公式。②BC 段为过渡钝化区。当电位达到 B 点时，金属开始发生钝化，对应于 B 点的

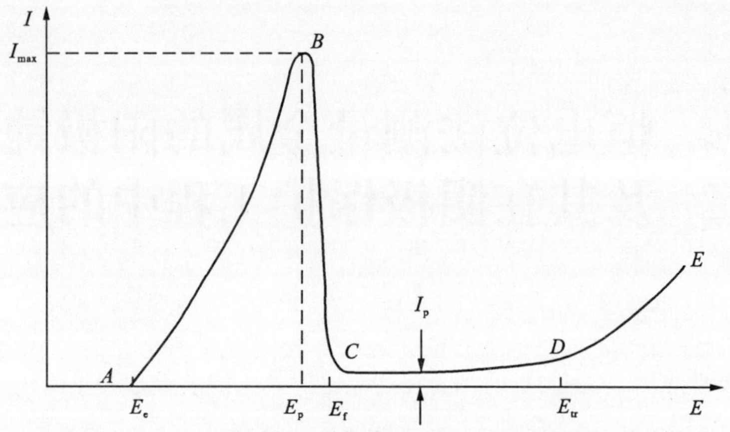

图 1-1　金属阳极钝化曲线

电流叫做临界钝化电流(I_{max}),对应的电位叫临界钝化电位(E_p)。电位过 B 点后,金属开始发生钝化,金属的溶解速度不断降低,向钝化状态过渡。③CD 段为稳定的钝化区。这时金属的溶解速度基本上不随电位改变,此时的电流密度称为维钝电流密度(I_p),亦即钝态金属的稳定溶解电流密度。④DE 段为超钝化区。此时阳极电流又随电位正移而增大,电流增大的原因可能是由于高价金属离子的产生,也可能是水分子放电析氧,还可能是二者同时出现。

金属的钝化现象是十分常见的,人们对它进行了大量的研究工作。影响金属钝化过程及钝化性质的因素,可归纳为以下几点:

(1)溶液的组成:在中性溶液中,金属一般比较容易钝化;而在酸性或某些碱性的溶液中,则不易钝化。溶液中卤素离子(特别是氯离子)的存在能明显地阻止金属的钝化。溶液中存在某些具有氧化性的阴离子(如铬酸离子)则可以促进金属的钝化。

(2)金属的化学组成和结构:各种纯金属的钝化能力不尽相同,例如铁、镍、铬 3 种金属的钝化能力为铬>镍>铁。因此,添加铬、镍可以提高钢铁的钝化能力及钝化的稳定性。

(3)外界因素(如温度、搅拌等):一般来说,温度升高以及搅拌加剧,可以推迟或防止钝化过程的发生,这与离子扩散有关。

阳极钝化曲线可为我们提供不少有意义的参数和情况,这对于研究金属钝化过程和探讨钝化机理具有重要意义。本实验采用动态法自动测量极化曲线。

三、仪器、用具和材料

仪器:CHI 电化学工作站 1 台。

用具:饱和甘汞电极(参比电极)4 只;镍电极(研究电极)4 只;光亮铂电极(辅助电极)4 只;烧杯(500mL,用作电解池)4 个;固定支架 2 个。

材料:丙酮;H_2SO_4(2mol/dm^3);NaCl。

待测体系(每种电解液约 250mL):电解液①:250mL 2mol/dm^3 H_2SO_4溶液;电解液②:250mL 2mol/dm^3 H_2SO_4溶液+0.02g/cm^3 NaCl;电解液③:250mL 2mol/dm^3 H_2SO_4溶液+0.08g/cm^3 NaCl;电解液④:250mL 2mol/dm^3 H_2SO_4溶液+0.2g/cm^3 NaCl。

四、实验步骤

(1)电极制备:将电极打磨光亮,在一面焊上直径为1mm的铜丝,除了工作面以外,其余各面用绝缘胶(环氧树脂最好)密封。

(2)洗净电解池,注入电解液①,安装好辅助电极、参比电极等。

(3)电极的预处理:将待测面依次用粗砂纸、金相砂纸打磨至镜面光亮,再用蒸馏水清洗。用丙酮擦拭工作面以除去表面油脂,将电极放在2mol/dm³ H_2SO_4溶液中浸洗后,放入电解池中。

(4)将整个电解池放入屏蔽箱(以免挥发气体腐蚀设备),接好电路(一般红色夹头接辅助电极,白色夹头接参比电极,绿色夹头接工作电极),本实验采用三电极体系进行研究。

(5)依次打开电化学工作站、计算机、显示器等电源,预热10min后启动CHI软件。

(6)在"Setup"的菜单中执行"Technique"命令,在显示的对话框中选择"Open Circuit Potential - Time",获得稳定的自腐蚀电位(自然电位)。

(7)在"Setup"的菜单中执行"Technique"命令,在显示的对话框中选择"Linear Sweep Voltammetry"命令进入参数设置界面(如未出现参数设置界面,再执行"Setup"菜单中的"Parameters"命令进入参数设置界面)。实验条件设置如下。Init E(初始电位):步骤(6)测得的自然电位;Final E(结束电位):一般是在前面测得的自然电位基础上增加800～1 500mV;扫描速度:0.01V/s;Sensitivity(灵敏度):1e-03,并选择Auto Sens if Scan Rate:≤0.01。执行"Control"菜单中的"Run Experiment"命令,开始极化实验,钝化曲线自动画出。

(8)打开"Graphics"菜单,选择"Mamual results"命令,对试验结果进行分析。

(9)再依次取电解液②、③、④重复步骤(6)～(8),得到钝化曲线。打开"Graphics"菜单,选择"Overlay Plots"或"Add Data to Plots"对实验结果进行叠加并分析。

(10)测量结束,关闭电源,拆掉导线,取出电极用蒸馏水冲洗干净备用,冲洗电解池。

五、注意事项

(1)测定前仔细阅读仪器说明书,了解仪器的使用方法。

(2)实验中必须注意量程挡和扫描范围的正确选择。

(3)参与电化学反应的是电极表面一层的原子,所以电极表面的洁净度将直接影响实验结果。实验中取放电极时应时刻注意避免任何污染。清洗完电极后不要用滤纸擦拭。

(4)在电脑桌面指定文件夹内建立自己的文件目录存储图形和数据(实验完毕必须将自己的实验数据复制回去,并删除电脑桌面上自己的实验数据文件,请勿留在实验室的电脑内或删除别人的实验数据文件以及其他文件)。

六、数据记录及处理

(1)在极化曲线上标出测量条件,找出钝化电位、钝化电流密度、活化电位、维钝电流密度、过钝化电位等参数,将实验结果记录列成表格。

(2)比较极化曲线的不同,分析氯离子对金属阳极钝化行为的影响机制。

七、思考题

(1)讨论氯离子对钝化过程的影响。

(2)一般我们测量极化曲线可采用恒电位法或恒电流法,本实验是采用恒电位法测量极化曲线,若采用恒电流法是否可以?为什么?

(3)阐述金属阳极钝化的实际意义。

实验二　交流阻抗法研究金属覆盖层的电化学性能及界面腐蚀机理

一、实验目的

(1)掌握交流阻抗法(EIS)的实验原理及方法。

(2)了解 Nyquist 图和 Bode 图的意义。

(3)学习简单电极反应的等效电路及其对应的电化学反应机理。

(4)分析金属钝化覆盖层界面行为的机理。

二、实验原理

交流阻抗法是一种以小振幅的正弦波电位(或电流)为扰动信号,叠加在外加直流电压上,并作用于电解池,通过测量系统在较宽频率范围的阻抗谱,获得研究体系相关动力学信息及电极界面结构信息的电化学测量方法。

复数阻抗的测量是以复数形式给出电极在一系列频率下的阻抗,不仅能给出阻抗的绝对值,还可给出相位角,可为研究电极提供较丰富的信息。

对于一个纯粹电化学控制的电极体系,可等效成如图 2-1 所示的电路。

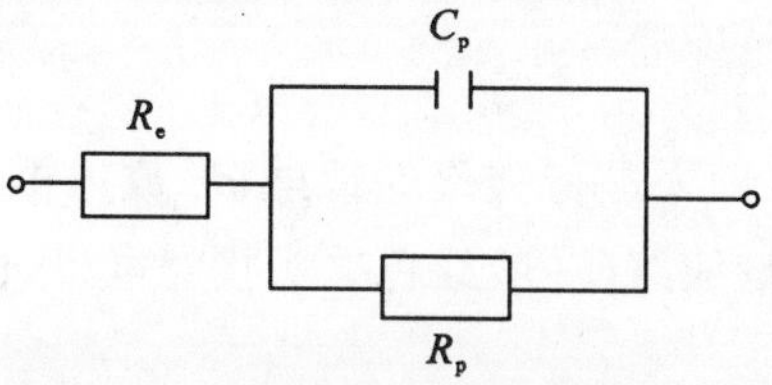

图 2-1　测试电池的等效电路

图 2-1 中,R_e 为溶液电阻,C_p 为电极/溶液的双电层电容,R_p 为电极电阻。此等效电路的总阻抗为:

$$Z = R_e + \frac{R_p}{1+\omega^2 C_p^2 R_p^2} - \frac{j\omega C_p R_p^2}{1+\omega^2 C_p^2 R_p^2} \tag{2-1}$$

其中,实部:

$$Z' = R_e + \frac{R_p}{1+\omega^2 C_p^2 R_p^2} \tag{2-2}$$

虚部:

$$-Z'' = \frac{j\omega C_p R_p^2}{1+\omega^2 C_p^2 R_p^2} \tag{2-3}$$

对于每一个 ω 值,都有相应的 Z' 与 Z'',在复数阻抗平面内表示为一个点,连接各 ω 的阻抗点,得到一条曲线,成为复数阻抗曲线,如图 2-2 所示。

当 $\omega \to \infty$ 时,半圆与 Z' 轴的交点即为电解质溶液的电阻 R_e;当 $\omega \to 0$ 时,半圆与 Z' 轴的交

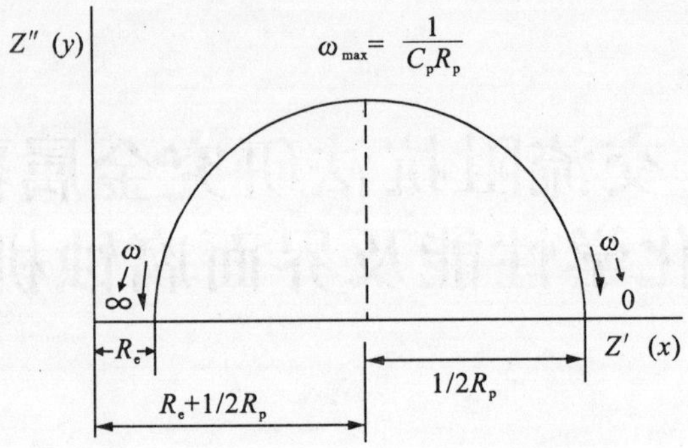

图 2-2　等效电路图 2-1 的复数阻抗

点即为 R_e+R_p。一般情况下，电解质溶液的电阻 R_e 可忽略，因此，根据半圆与 Z'轴的交点即可求得电极体系的电阻 R_p；当 $\omega=\omega_{max}$（ω_{max}为半圆最高点的角频率）时，据公式 $C_p=\frac{1}{\omega_{max}\cdot R_p}$ 可求得电极/溶液的双电层电容 C_p。

三、仪器、用具和材料

仪器：CHI 电化学工作站 1 台。

用具：镍电极（未进行钝化的镍电极）2 只；镍电极（钝化态镍电极）2 只；饱和甘汞电极（参比电极）4 只；光亮铂电极（辅助电极）4 只；烧杯（500mL，用作电解池）4 个；固定支架 2 个。

材料：丙酮；NaCl(3.5%)。

四、实验步骤

(1)将预处理好的镍电极（即未进行钝化的镍电极）放入电解池，将 3.5% NaCl 溶液作为电解液加入电解池，连接好测量线路（一般红色夹头接对电极，白色夹头接参比电极，绿色夹头接工作电极）。

(2)依次打开电化学工作站、计算机、显示器等电源，预热 10min 后启动 CHI 软件。

(3)执行"Control"菜单中的"Open Circuit Potential"命令，获得自然电位。

(4)在电化学工作站上测定镍电极的交流阻抗谱。在"Setup"菜单中执行"Technique"命令，在显示的对话框中选择"A. C. Impedance"进入参数设置界面（如未出现参数设置界面，再执行"Setup"菜单中的"Parameters"命令进入参数设置界面）。

实验条件设置如下。Init E（电位）：步骤(3)测得的自然电位；High Frequency（高频率）：100 000Hz；Low Frequency（低频率）：0.1Hz；Amplitude（所加正弦波信号的幅度）：0.005V；其他为默认值。

执行"Control"菜单中的"Run Experiment"命令，开始交流阻抗实验。

执行"Sim"菜单中的"Mechanism"命令，建立等效回路模型，对实验结果进行拟合，获得双电层结构模型及电路元件参数。

(5)取镍电极进行钝化，在稳定钝化区终止实验，获得钝化膜，重复步骤(3)和(4)，比较钝化前后镍电极反应电阻的变化。

(6)打开“Graphics”菜单，选择“Overlay Plots”或“Add Data to Plots”对实验结果进行叠加并分析。

(7)测量结束，关闭电源，拆掉导线，取出电极用蒸馏水冲洗干净备用，冲洗电解池。

五、注意事项

在电脑桌面指定文件夹内建立自己的文件目录存储图形和数据(实验完毕必须将自己的实验数据复制回去，并删除电脑桌面上自己的实验数据文件，请勿留在实验室的电脑内或删除别人的实验数据文件以及其他文件)。

六、数据记录及处理

对比钝化前后镍电极的电化学参数，如双电层电容、反应电阻等。

七、思考题

(1)在绘制 Nyquist 图和 Bode 图时，为什么所加正弦波信号的幅度要小于 10mV？

(2)在实际测量体系系统中绘制 Nyquist 图时，为什么会出现圆心下沉现象？

(3)金属钝化前后其腐蚀速度有何变化？

实验三　恒电流暂态法测定电化学反应的动力学参数

一、实验目的

(1)掌握恒电流暂态法的基本原理和基本操作。

(2)测定 $Cu/CuSO_4$ 在铜电极上的交换电流密度 i^0 和反应速度常数 K。

二、实验原理

稳态法测定电极体系的动力学参数,常常由于浓度极化而受到限制。暂态测量可以大大提高瞬间扩散电流,这对测量快速的电化学反应动力学参数是十分有利的;同时,暂态测量考虑了时间因素,可以利用各基本过程对时间响应的不同,使复杂的等效电路得以简化成图 3-1,从而可测得电极过程的有关参数。

控制电流阶跃暂态测量方法,是指控制流过研究电极的电流按照一定的具有电势突跃的波形规律变化,同时测量电极电势随时间的变化(称为计时电势法,Chronopotentiometry),进而分析电极过程的机理、计算电极的有关参数或电极等效电路中各元件的数值。恒流阶跃下的电势-时间曲线如图 3-2 所示。

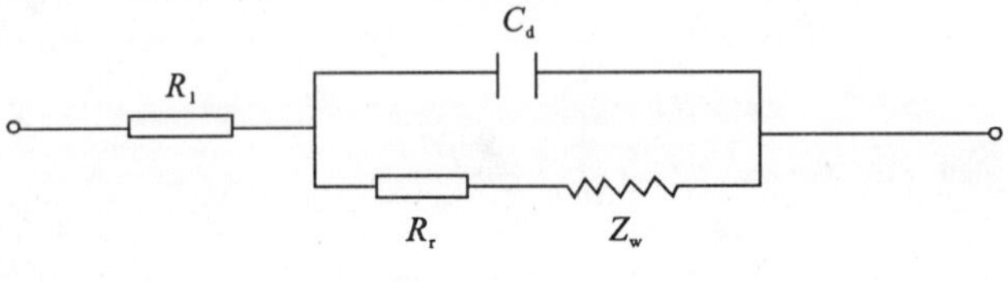

图 3-1　等效电路

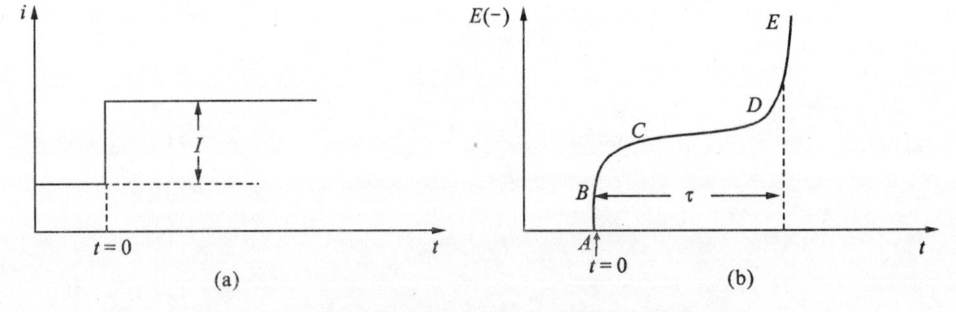

图 3-2　单电流阶跃极化下的控制信号和响应信号

(a)电流-时间曲线;(b)电势-时间响应曲线

图 3-2(b)中,AB 段为接通电路瞬间溶液的欧姆极化所致而引起的电位变化(当溶液中

加入大量的局外电解质或测量溶液很浓时一般欧姆极化可忽略)；AB 段 B 点主要是双电层两侧的电位变化；BC 段主要是电化学极化引进的电位变化；CD 段为浓度极化占主导；D 点为电极表面处反应粒子的浓度趋于零。恒流极化下的浓度极化表现为电极表面反应粒子的浓度随时间逐渐下降，恒流极化就是说，在电极表面处单位时间内所消耗的粒子数目是恒定的，所以在恒流极化下反应粒子就要不断地由溶液深处向电极表面扩散，当扩散到电极表面的反应粒子不足以补充所消耗的粒子时，电极表面反应粒子浓度随时间而下降，浓度极化不断发生直至电极表面反应粒子浓度趋于零，电极电位急剧变负，负至另一种离子可以放电的电位。自恒流极化开始到电极表面反应粒子降到零所经历的时间称过渡时间，以 τ 表示。

当电极反应为

$$O+ne\longleftrightarrow R$$

根据 Fick 第二定律

$$\frac{\partial c}{\partial t}=D_0\frac{\partial^2 t}{\partial x^2} \tag{3-1}$$

其初始及边界条件为

$$C(x,0)=C_O^0 \tag{3-2}$$

$$C(\infty,t)=C_O^0 \tag{3-3}$$

$$D_0=\left(\frac{\partial C_O}{\partial x}\right)_{x=0}=\frac{I}{nF} \tag{3-4}$$

根据以上条件及式(3-1)得

$$C_O(x,t)=C_O^0-\frac{2I}{nF}\sqrt{\frac{t}{\pi D_0}}\exp\left(-\frac{x^2}{4Dt}\right)+\frac{Ix}{nFD_0}\mathrm{erfc}\left(\frac{x}{2\sqrt{D_0t}}\right) \tag{3-5}$$

将 $x=0$ 代入式(3-5)，可得到反应物表面浓度的表达式

$$C_O(0,t)=C_O^0-\frac{2I}{nF}\sqrt{\frac{t}{\pi D_0}} \tag{3-6}$$

据 Sand 方程可得

$$\tau=\frac{n^2F^2\pi D_0 C_O^{0^2}}{4I^2} \tag{3-7}$$

所以，电极表面处反应物的浓度随时间的变化关系为

$$C_O(0,t)=C_O\left[1-\left(\frac{t}{\tau}\right)^{1/2}\right] \tag{3-8}$$

当电化学极化和浓度极化同时存在，且过电位较大，以致可以忽略逆反应影响时，电流密度与电极电位关系为

$$I_K=nFK'C_O(0,t)\exp\left[-\frac{\alpha nF}{RT}(\varphi-\varphi_{平})\right] \tag{3-9}$$

将式(3-8)带入式(3-9)取对数并整理得

$$\eta_K=\frac{RT}{\alpha nF}\ln\frac{nFK'C_O}{I_K}-\frac{RT}{\alpha nF}\ln\left[1-\left(\frac{t}{\tau}\right)^{1/2}\right] \tag{3-10}$$

式中，$C_O(0,t)$ 为反应物 O 在电极表面的瞬间浓度；C_O^0 为反应物的本体浓度；K' 为 $\varphi=\varphi_{平}$ 时的反应速度常数，$K'=K\exp\left[\frac{\alpha nF}{RT}(\varphi_{平}^0-\varphi_{平})\right]$；$I_K$ 为阶跃电流密度。

对于一定的体积和一定的阶跃电流密度，τ 是一个常数，因此当 $t\to0$ 时，$C_O(0,t)\to C_O^0$，即

该体系没有浓度极化发生，体系的过电位完全由电化学极化引起式，式(3-10)所表示的电位-时间曲线(图 3-2)。若沿曲线的直线部分外推到 $t=0$ 处，则应有 $\ln\left[1-\left(\frac{t}{\tau}\right)^{1/2}\right]=0$，此时即不发生浓度极化，也就是 η_K 完全由电化学极化所控制，则有

$$\eta_{K(t=0)}=-\frac{RT}{\alpha nF}\ln\frac{nFKC_O^0}{I_K}=-\frac{2.3RT}{\alpha nF}\lg\frac{i^0}{I_K} \tag{3-11}$$

式中，$\eta_{K(t=0)}$ 为无浓差极化的过电位值。

利用实验所得 η_K-t 曲线作图，求得过渡时间 τ 如图 3-3 所示。再以 $\eta_K-\ln\left[1-\left(\frac{t}{\tau}\right)^{1/2}\right]$ 作图得一直线如图 3-4 所示，直线的斜率为 $RT/\alpha nF$，由此可求 α，再把直线外推到 $t=0$ 时的 η_K 值为无浓差极化过电位 $\eta_{K(t=0)}$。

如果电极反应比较快，通过恒定的脉冲电流所引起的过电位 η_K 较小，在逆反应不可忽略的情况下，此时的电流密度与电极电位的关系为

$$I=i_O-i_K=i^0\left\{\left[\frac{C_O(0,t)}{C_O}\exp\left(\frac{\alpha nF}{RT}\eta\right)\right]-\left[\frac{C_R(0,t)}{C_R}\exp\left(-\frac{\beta nF}{RT}\eta\right)\right]\right\} \tag{3-12}$$

将 $C_O(0,t)=C_O^0\left[1-\left(\frac{t}{\tau_O}\right)^{1/2}\right]$、$C_R(0,t)=C_R^0\left[1-\left(\frac{t}{\tau_R}\right)^{1/2}\right]$ 代入式(3-11)得

$$I=i^0\left\{\left[1-\left(\frac{t}{\tau_O}\right)^{1/2}\exp\left(\frac{\alpha nF}{RT}\eta\right)\right]-\left[1-\left(\frac{t}{\tau_R}\right)^{1/2}\exp\left(-\frac{\beta nF}{RT}\eta\right)\right]\right\} \tag{3-13}$$

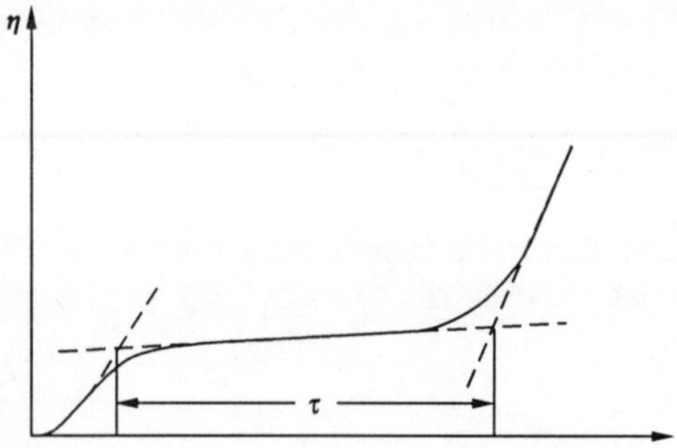

图 3-3　η_K-t 图

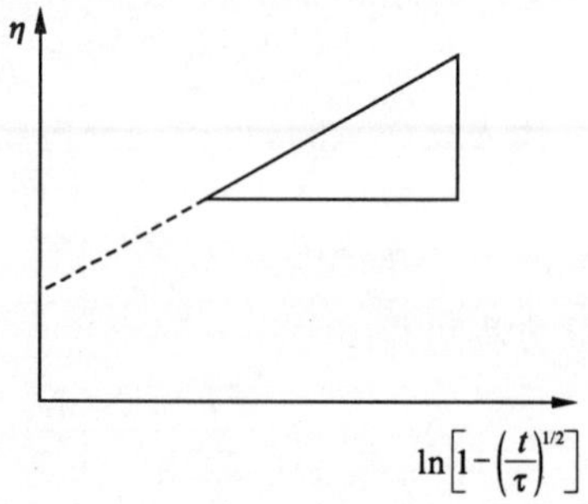

图 3-4　$\eta_K-\ln\left[1-\left(\frac{t}{\tau}\right)^{1/2}\right]$ 图

当 η 较小时，按级数展开为

$$\exp\left(\frac{\alpha nF}{RT}\eta\right)\approx 1+\frac{\alpha nF}{RT}\eta \tag{3-14}$$

$$\exp\left(-\frac{\beta nF}{RT}\eta\right)\approx 1-\frac{\beta nF}{RT}\eta \tag{3-15}$$

则

$$I=i^0\left\{\frac{nF}{RT}\eta-\left[\left(\frac{t}{\tau_O}\right)^{1/2}+\left(\frac{t}{\tau_R}\right)^{1/2}\right]\right\} \tag{3-16}$$

当 $t\to 0$ 时，$I=i^0\frac{nF}{RT}\eta_{(t=0)}$　　(3-17)

当 $t\to 0$ 时，浓差极化为零，可直接外推 $t=0$，得无浓差极化值 $\eta_{K(t=0)}$，代入式(3-16)得 i^0，根据 $i^0=nFK'C^0$，可求 $K'\to K$。

利用恒电流暂态 $\varphi-t$ 曲线测定电化学参数时，必须选择合适的极化电流，注意双电层充电效应的影响。双电层充放电所占的时间取决于电极的时间常数 τ_c，实验中 $\tau>>\tau_c$，这样就可利用 $\tau>t>\tau_c$ 这段曲线外推。如果 τ 和 τ_c 很接近或 $t<\tau_c$ 都会使测量结果被歪曲，将不符合以上推导。

为了消除 τ_c 的影响，t 值最好取在 $\tau>t>\tau_c$ 范围内。另外，随着各电极体系的不同，I_K 也会大大影响测量结果，因为 $\tau\propto 1/I_K$。当 I_K 取值偏大，电极反应又很快，这时就有 $\tau\rightarrow\tau_c$ 的危险；当 I_K 取值偏小，τ 就太大，扩散层向溶液本体延伸过长，易进入对流区，受到对流传质的干扰，测量体系难于维持理想的扩散条件，此时对流会产生干扰使得 τ 无法求出，所以使用恒流阶跃法时要根据待测体系反应速度、反应物浓度而选择适宜的 I_K。

三、仪器、用具和材料

仪器：CHI 电化学工作站 1 台。

用具：Cu 圆形电极（用作辅助电极、研究电极）4 只；Cu 丝电极（参比电极）2 只；烧杯（500mL，用作电解池）2 个；固定支架 2 个。

材料：电解液为 0.01mol/dm^3 $CuSO_4$溶液（约 250mL，需用 2mol/dm^3 H_2SO_4溶液将 pH 值调为 2）。

四、实验步骤

(1)将研究电极、参比电极放在 2mol/dm^3 H_2SO_4溶液里浸泡，用蒸馏水冲洗，洗净电解池并加入适量的测量溶液。

(2)接好实验装置（一般红色夹头接辅助电极，白色夹头接参比电极，绿色夹头接工作电极）。

(3)依次打开电化学工作站、计算机、显示器等电源，预热 10min 后启动 CHI 软件。

(4)执行“Control”菜单中的“Open Circuit Potential”命令，获得自然电位。

(5)在“Setup”的菜单中执行“Technique”命令，在显示的对话框中选择“Chronopotentiometry”进入参数设置界面（如不出现参数设置界面，再执行“Setup”菜单中的“Parameters”命令进入参数设置界面）。

实验条件设置如下。Cathodic Current（阴极电流）：0.001A；High E Limit（最高电位限制）：0V；Low E Limit（最低电位限制）：－3V；Cathodic Time（阴极极化时间）：100sec；Initial Polarity（初始极化方向）：Cathodic；其他设置为默认。

执行“Control”菜单中的“Run Experiment”命令，开始极化实验。

(6)依次调节电流为 1.5mA、2.0mA、2.5mA、3.0mA、3.5mA、4.0mA、4.5mA、5.0mA，获得不同电流下的电位-时间曲线。

(7)Tafel 方法直接测量体系的交换电流密度 i^0。在“Setup”的菜单中执行“Technique”命令，在显示的对话框中选择“Tafel Plot”命令进入参数设置界面（如未出现参数设置界面，再执行“Setup”菜单中的“Parameters”命令进入参数设置界面）。

实验条件设置如下。Init E（初始电位）：－1 000mV；Final E（结束电位）：1 200mV；扫描速度：0.01V/s；Sensitivity（灵敏度）：1e－03；其他设置为默认。

执行“Control”菜单中的“Run Experiment”命令，开始极化实验。

打开“Graphics”菜单，选择“Mamual Results”命令，对试验结果进行分析。

(8)测量结束，关闭电源，拆掉导线，取出电极用蒸馏水冲洗干净备用，冲洗电解池。

五、注意事项

在电脑桌面指定文件夹内建立自己的文件目录存储图形和数据（实验完毕必须将自己的实验数据复制回去，并删除电脑桌面上自己的实验数据文件，请勿留在实验室的电脑内或删除别人实验数据文件以及其它文件）。

六、数据记录及处理

(1)将所得电位-时间曲线直接外推到 $t=0$ 得到 $\eta_{K(t=0)1}$ 值。

(2)将所得电位-时间曲线按图 3-3 的方法求出 τ，再以 $\eta_K - \ln\left[1-\left(\frac{t}{\tau}\right)^{1/2}\right]$ 作图，将直线外推到 $t=0$ 得到 $\eta_{K(t=0)2}$ 值，并由直线斜率求 α，代入式(3-5)求 K。

(3)将实验所得各电流下所对应的 $\eta_{K(t=0)}$ 值，作 $\eta_{K(t=0)}$-$\lg i$ 曲线（无浓差极化曲线），根据塔菲尔方程求方程中 a 值，并由 $a=-\frac{2.3RT}{\alpha nF}\lg i^0$ 计算 i^0（a 值取实验值）。

(4)将步骤(1)电流阶跃下对应的 $\eta_{K(t=0)1}$ 代入 $I_K=\frac{nFi^0}{RT}\eta_{K(t=0)}$ 求 i^0，并比较 3 种计算方法所求得的 i^0 和 K 值。

实验四　循环伏安法测定铁氰化钾的电极反应过程及其应用研究

一、实验目的

(1)了解循环伏安法(CV 方法)应用于电化学分析的基本原理及测量技术,掌握循环伏安图中阳极峰电流(i_{pa})、阴极峰电流(i_{pc})、阳极峰电位(E_{pa})和阴极峰电位(E_{pc})的测定方法以及应用。

(2)分析 $Pt/K_3[Fe(CN)_6]+K_4[Fe(CN)_6]$体系在不同扫描速率下的循环伏安图,推理该电化学反应的动力学信息。

二、实验原理

循环伏安法是最重要的电分析化学研究方法之一。在电化学、无机化学、有机化学、生物化学等研究领域得到了广泛应用。由于其设备价格低廉、操作简便、图谱解析直观,因而一般是电分析化学的首选方法。

CV 方法是将循环变化的电压施加于工作电极和参比电极之间,记录工作电极上得到的电流与施加电压的关系曲线。这种方法也常被称为三角波线性电位扫描方法。图 4-1 中表明了施加电压的变化方式:起扫电位为+0.8V,反向起扫电位为-0.2V,终点又回扫到+0.8V,扫描速度可从斜率反映出来,其值为 50mV/s。虚线表示的是第二次循环。一台电化学工作站具有多种功能,可方便地进行一次或多次循环,任意变换扫描电压范围和扫描速度。

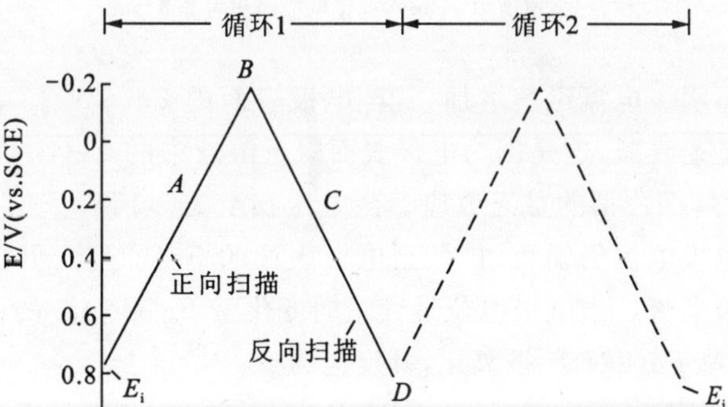

图 4-1　循环伏安法的输入信号

当工作电极被施加的扫描电压激发时,其上将产生响应电流。以该电流(纵坐标)对电位(横坐标)作图,称为循环伏安图(CV 图)。典型的 CV 图如图 4-2 所示。该图是在

1.0mol/dm³ 的 KNO_3 电解质溶液中，6×10^{-3} mol/dm³ 的 $K_3[Fe(CN)_6]$ 在 Pt 工作电极上反应得到的结果。

电路接通后，$Fe(CN)_6^{3-}$ 发生电解，电位沿负的电位扫描（如箭头所指方向），当电位至 $Fe(CN)_6^{3-}$ 可还原时，即析出电位，将产生阴极电流（*B* 点）。其电极反应为：

$$Fe(CN)_6^{3-} + e \longrightarrow Fe(CN)_6^{4-}$$

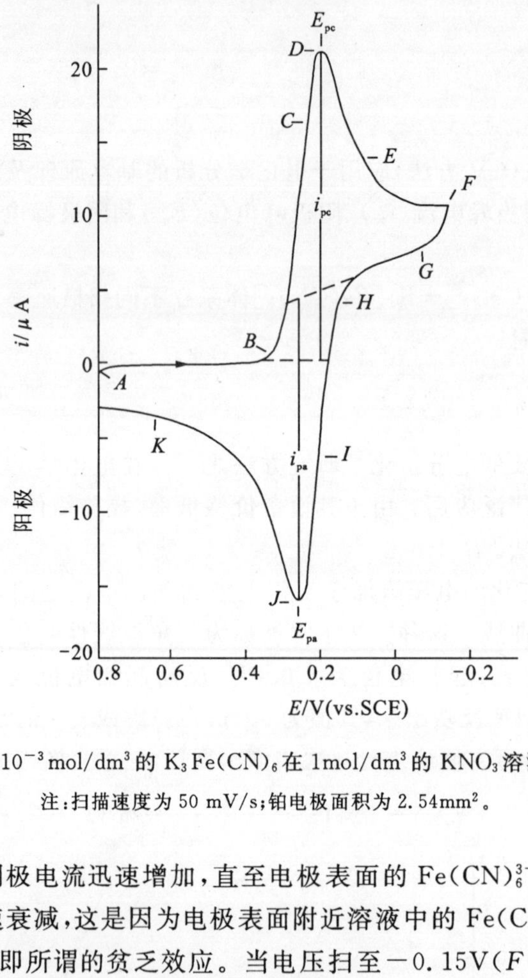

图 4-2　6×10^{-3} mol/dm³ 的 $K_3Fe(CN)_6$ 在 1mol/dm³ 的 KNO_3 溶液中的 CV 图

注：扫描速度为 50 mV/s；铂电极面积为 2.54mm²。

随着电位的变负，阴极电流迅速增加，直至电极表面的 $Fe(CN)_6^{3-}$ 浓度趋近零，电流在 *D* 点达到最高峰，然后迅速衰减，这是因为电极表面附近溶液中的 $Fe(CN)_6^{3-}$ 几乎全部因电解转变为 $Fe(CN)_6^{4-}$ 而耗尽，即所谓的贫乏效应。当电压扫至 −0.15V（*F* 点）处，虽然已经开始阳极化扫描，但这时的电极电位仍偏负，扩散至电极表面的 $Fe(CN)_6^{3-}$ 仍在不断还原，故仍呈现阴极电流，而不是阳极电流。当电极电位继续正向变化至 $Fe(CN)_6^{3-}$ 的析出电位时，聚集在电极表面附近的还原产物 $Fe(CN)_6^{4-}$ 被氧化，其反应为

$$Fe(CN)_6^{4-} - e \longrightarrow Fe(CN)_6^{3-}$$

这时产生阳极电流。阳极电流随着扫描电位正移迅速增加，当电极表面的 $Fe(CN)_6^{4-}$ 浓度趋于零时，阳极化电流达到峰值（*J* 点）。扫描电位继续正移，电极表面附近的 $Fe(CN)_6^{4-}$ 耗尽，阳极电流衰减至最小（*K* 点）。当电位扫描至 +0.8V 时，完成第一次循环，获得了循环伏安图。

简而言之，在正向扫描（电位变负）时，$Fe(CN)_6^{3-}$ 在电极上还原产生的阴极电流，指示着电极表面附近的浓度变化信息。在反向扫描（电位变正）时，产生的 $Fe(CN)_6^{4-}$ 重新氧化产生阳极电流而指示它是否存在和变化。因此，CV 图能迅速提供电活性物质电极反应过程的可逆

性、化学反应历程、电极表面吸附等许多信息。

循环伏安图中可得到的几个重要参数是：阳极峰电流(i_{pa})、阴极峰电流(i_{pc})、阳极峰电位(E_{pa})和阴极峰电位(E_{pc})。测量确定 i_p 的方法是：沿基线作切线外推至峰下，从峰顶作横轴的垂线至切线，其间高度即为 i_p(图 4－2)。E_p 可直接从横轴与峰顶对应处读取。

对可逆氧化还原电对的式量电位 $E^{0'}$ 与 E_{pa} 和 E_{pc} 的关系可表示为

$$E^{0'}=\frac{E_{pa}-E_{pc}}{2} \tag{4-1}$$

而两峰之间的电位差值为

$$\Delta E_p=E_{pa}-E_{pc}\approx\frac{0.059}{n} \tag{4-2}$$

在 $Pt/K_3[Fe(CN)_6]+K_4[Fe(CN)_6]$ 体系中，反应为单电子过程，可从实验中求出 ΔE_p 值与理论值比较。

对可逆体系的正向峰电流，由 Randles-Savcik 方程可表示为

$$i_p=2.69\times10^5 n^{3/2}AD^{1/2}v^{1/2}C \tag{4-3}$$

其中，i_p 为峰电流(A)；n 为电子转移数；A 为电极面积(cm^2)；D 为扩散系数(cm^2/s)；v 为扫描速度(V/s)，C 为浓度(mol/dm^3)。

根据上式，i_p 与 $v^{1/2}$ 和 C 都是直线关系，对研究电极反应过程具有重要意义。对一个简单的电极反应过程，通过改变 CV 实验中的扫描速度，依实验中得到的 ΔE_p、$E_{p/2}$、E_{pc}、E_{pa}、i_{pa}、i_{pc} 等数值，便可判断电极过程的可逆性。在温度为 25℃时，针对反应可逆性的不同，将具有以下特征(以一个还原反应过程为例)：

1. 可逆过程

(1)$\Delta E_p=E_{pa}-E_{pc}=59/n$(mV)。

(2)$|E_p-E_{p/2}|=59/n$(mV)。

(3)$i_{pa}/i_{pc}=1$。

(4)$i_p\propto v^{1/2}$。

(5)E_p 与 v 无关。

2. 准可逆体系

(1)$|i_p|$ 随 $v^{1/2}$ 增加，但不成正比。

(2)$\Delta E_p>59/n$ mV，且随 v 增加而增加。

(3)E_{pc} 随 v 增加负移。

3. 不可逆体系

(1)无反向峰。

(2)$i_p\propto v^{1/2}$。

三、仪器、用具和材料

仪器：CHI 电化学工作站 1 台。

用具：光亮铂电极(用作工作电极、辅助电极)4 只；甘汞电极(用作参比电极)2 只；烧杯(500mL，用作电解池)6 个。

材料：$K_3[Fe(CN)_6]$（分析纯）；$K_4[Fe(CN)_6]$（分析纯）；KCl（分析纯）；高纯氮气瓶1瓶。

待测体系（每种电解液约250mL）：电解液①：0.05mol/dm³ KCl；电解液②：0.010 0mol/dm³ $K_3[Fe(CN)_6]$＋0.05mol/dm³ KCl；电解液③：0.010 0mol/dm³ $K_3[Fe(CN)_6]$＋0.010 0 mol/dm³ $K_4[Fe(CN)_6]$＋0.05mol/dm³ KCl；电解液④：0.020 0mol/dm³ $K_3[Fe(CN)_6]$＋0.020 0mol/dm³ $K_4[Fe(CN)_6]$＋0.05mol/dm³ KCl；电解液⑤：0.050 0mol/dm³ $K_3[Fe(CN)_6]$＋0.050 0mol/dm³ $K_4[Fe(CN)_6]$＋0.05mol/dm³ KCl；电解液⑥：0.010 0mol/dm³ $K_4[Fe(CN)_6]$＋0.05mol/dm³ KCl。

四、实验步骤

(1)接好实验装置(一般红色夹头接辅助电极，白色夹头接参比电极，绿色夹头接工作电极)。

(2)依次打开电化学工作站、计算机、显示器等电源，预热10min后启动CHI软件。

(3)执行“Control”菜单中的“Open Circuit Potential”命令，获得自然电位。

(4)在“Setup”的菜单中执行“Technique”命令，在显示的对话框中选择“Cyclic Voltammetry”进入参数设置界面(如未出现参数设置界面，再执行“Setup”菜单中的“Parameters”命令进入参数设置界面)。

实验条件设置如下。Init E(初始电位)：步骤(4)测得的自然电位；High E(最高电位)：一般是在步骤(4)测得的自然电位基础上增加500～800mV；Low E(最低电位)：步骤(4)测得的自然电位减小500～800mV；扫描速度：10mV/s；Sensitivity(灵敏度)：默认。

执行“Control”菜单中的“Run Experiment”命令，开始极化实验。

(5)每种电解液要分别测量扫描速度为10mV/s、25mV/s、50mV/s、100mV/s的CV曲线。

(6)打开“Graphics”菜单，选择“Overlay Plots”或“Add Data to Plots”对实验结果进行叠加并分析。

(7)测量结束，关闭电源，拆掉导线，取出电极用蒸馏水冲洗干净备用，冲洗电解池。

五、注意事项

(1)电解液①、②、③、④、⑤的扫描方向是先还原再氧化；电解液⑥的扫描方向是先氧化再还原。

(2)试验体系中 $K_4[Fe(CN)_6]$溶液易氧化，操作过程应注意，试验前溶液需通氮气10min。

(3)在电脑桌面指定文件夹内建立自己的文件目录存储图形和数据(实验完毕必须将自己的实验数据复制回去，并删除电脑桌面上自己的实验数据文件，请勿留在实验室的电脑内或删除别人实验数据文件以及其他文件)。

六、数据记录与处理

(1)利用软件进行数据处理，得到同一电解液不同扫描速度的重叠图、不同电解液同一扫描速度的重叠图。

(2)记录 i_{pa}、i_{pc}、E_{pa}、E_{pc}。

(3)绘制出同一扫描速度下的铁氰化钾浓度(C)与 i_{pa}、i_{pc} 的关系曲线图。

(4)绘制出同一铁氰化钾浓度下 i_{pa}、i_{pc} 与相应的 $v^{1/2}$ 的关系曲线图。

扫描速度(mV/s)	浓度(mol/L)	E_{pa}(V)	i_{pa}(μA)	E_{pc}(V)	i_{pc}(μA)

七、思考题

(1)首次用循环伏安法研究一个未知体系时，为了对体系进行摸索，一般先从定性开始，然后进行半定量和定量研究，从而计算出动力学参数。

(2)在一个典型的定性实验中，通常是在一个较大的扫描速率范围内，对不同的扫描范围和不同的起始扫描电势下所得的循环伏安法图，分析出现的几个峰，观察在电势扫描范围变化和扫描速率变化时，这些峰是怎样出现和消失的，记录第一次循环和后继循环之间的差别，这样有可能获得由这些峰所表示的有关过程的信息。

(3)扫描速率与峰值电流和峰值电势的关系，可以用来鉴别电极反应是否与吸附、扩散和耦合均相化学反应等有关。

(4)从第一次和后继循环伏安图的差别中，可以分析电极反应的机理，但动力学的数据只能从第一次的扫描结果中进行分析。

(5)$K_3[Fe(CN)_6]$浓度(C)与峰电流(i_p)是什么关系？峰电流(i_p)与扫描速度(v)又是什么关系？

(6)峰电位(E_p)与半波电位($E_{1/2}$)和半峰电位($E_{p/2}$)相互间是什么关系？

实验五　应用旋转圆盘电极测定反应粒子的扩散系数和电镀溶液的微观分散能力

一、实验目的

(1)掌握旋转圆盘电极的工作原理及实验技术。

(2)学会利用旋转圆盘电极测定电化学动力学参数。

(3)学会利用旋转圆盘电极测量电镀溶液的微观分散能力。

二、实验原理

1.测量反应粒子的扩散系数

在电极过程动力学的研究中,液相传质步骤往往成为电极过程的控制步骤,或者由于提高过电位加速了电化学反应速度,而最终使得液相传质步骤成为控制步骤。此时,电极过程的反应速度取决于反应粒子的传递速度,因而研究液相传质动力学规律,对于研究电极过程有重要意义。

旋转圆盘电极作为一种流体动力电极,由于它的高速旋转,可以大大降低扩散层厚度,并且可以使扩散层厚度可控,所以利用旋转圆盘电极不仅能对扩散过程进行研究,而且还可以利用外推至转速(ω)趋近于∞来达到完全排除浓差极化的目的,以研究电化学反应动力学规律。

当旋转圆盘电极按一定速度绕中心轴旋转时,电极附近的液体随之发生流动。与圆盘电极相接触的液体由于离心力的作用而被甩向圆盘四周,电极下方的液体在圆盘的中心处上升,当与圆盘接近后被甩向边缘,所以,圆盘中心处就相当于一个“搅拌起点”。

当旋转电极附近的液体处于层流状态时,液体的流动可以分解为3个方向:①在由旋转而产生的离心力的作用下,使液体沿径向以速度 $v_{径}$ 向外流动;②由于液体具有黏度,当电极旋转时液体就要以速度 $v_{切}$ 向切向流动;③由于电极附近的液体向外流动,会造成电极中心部位的液体压力下降,于是离电极较远的液体就会向中心区域流动,形成液体的轴向速度 $v_{轴}$。

液体在这3个方向的流速均与电极的转速(ω)、液体的黏度(ν)及离开电极表面的轴向距离(Z)和电极表面离开中心的径向距离(r)有关。在电极表面处,$v_{径}=v_{轴}=0$,即液体沿轴向及沿径向的运动速度为零,液体只作切向运动,运动速度 $v_{切}=r\omega$;在距离电极表面无穷远处,$v_{切}=v_{径}=0$,液体只以恒定速度沿轴向垂直于电极表面运动,$v_{轴}=0.886\sqrt{\nu\omega}$;当 Z 处于二者之间时,液体在这3个方向的运动速度均不可忽略。$v_{轴}$ 随 Z 的增加逐渐提高,最后趋于一个稳定值;$v_{切}$ 随 Z 增加逐渐减少,最后趋于零;而 $v_{径}$ 开始随 Z 的增加而增加,而后又随 Z 的增加逐渐减少,最后趋于零(图5-1)。

当电极以一定的速度旋转时,电极附近有一层被电极拖动的液层,该液层的厚度为 δ。

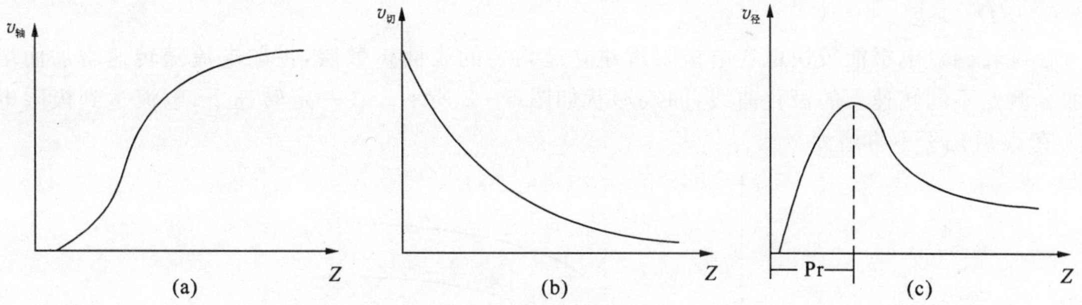

图 5-1　旋转圆盘电极表面的流体动力学性质

(a) $v_{轴}-Z$；(b) $v_{切}-Z$；(c) $v_{径}-Z$

$$\delta = 3.6\sqrt{\frac{\nu}{\omega}} \tag{5-1}$$

式中，δ 为流体动力学层的边界层厚度，cm；ν 为液体的运动黏度，它等于溶液的黏度与密度比（$\nu=\eta/\rho$），cm^2/s；ω 为圆盘电极的旋转角速度，r/s。

当 $Z>\delta$ 时，液体基本上只作轴向流动。

当 $Z\gg\delta$ 时，

$$v_{轴} = -0.886\sqrt{\nu\omega} \tag{5-2}$$

当 $Z<\delta$ 时，液体在 3 个方向的流速均不能忽略。

由式(5-1)可以看出，旋转圆盘电极的动力学、边界层厚度与径向距离无关，也就是说在整个电极表面上边界层厚度是相同的，而且随角速度 ω 的增加而减小。

式(5-2)表明，旋转圆盘电极在整个电极表面上能给出均匀轴向速度 $v_{轴}$，所以，在整个电极表面上的扩散层厚度是均匀的。当然，电极表面的电流分布也是均匀的。这就是旋转圆盘电极区别于其他电极的一个重要特征。

对旋转圆盘电极进行恒电位阶跃极化，电极表面所进行的电化学反应为 $O+ne \longleftrightarrow R$，在有大量局外电解质存在的条件下，反应粒子的传递在受到扩散作用的同时，还受到因旋转而产生的对流作用的影响，即液相传质是由对流扩散完成的。

根据流体动力学理论，可以推导出扩散层的有效厚度 $\delta_{有效}$

$$\delta_{有效} = 1.61D^{1/3}\nu^{1/6}\omega^{-1/2} \tag{5-3}$$

式中，D 为反应物的扩散系数，cm/s；v 为溶液的动力黏度，cm^2/s；ω 为旋转圆盘电极的旋转角速度，r/s。

经理论推导，可以得到扩散电流密度 $i_{扩}$

$$i_{扩} = \frac{nFD(C^0 - C^S)}{1.61D^{1/3}\nu^{1/6}\omega^{-1/2}} = 0.62nFD^{2/3}\nu^{-1/6}\omega^{1/2}(C^0 - C^S) \tag{5-4}$$

式中，n 为反应电子数；F 为 Faraday 常数，96 485c/mol；C^0 为反应物的本体浓度，mol/cm^3；C^S 为反应物的界面浓度，mol/cm^3。

极限扩散电流密度 i_d 为

$$i_d = \frac{nFDC^0}{1.61D^{1/3}\nu^{1/6}\omega^{-1/2}} = 0.62nFD^{2/3}\nu^{-1/6}\omega^{1/2}C^0 \tag{5-5}$$

该式也称为 Levich 方程，该式也表明 i_d 正比于 $\omega^{1/2}C^0$，比例常数（又称 Levich 常数）$B=$

$0.62nFD^{2/3}\nu^{-1/6}$。

旋转圆盘电极能较快地在电极附近建立起均匀的表面扩散层，扩散电流随转速增加而增加。测定不同转速下的极化曲线，曲线形状如图 5-2 所示。在一定转速下，电流达到极限电流值 i_d 后几乎不再增大。

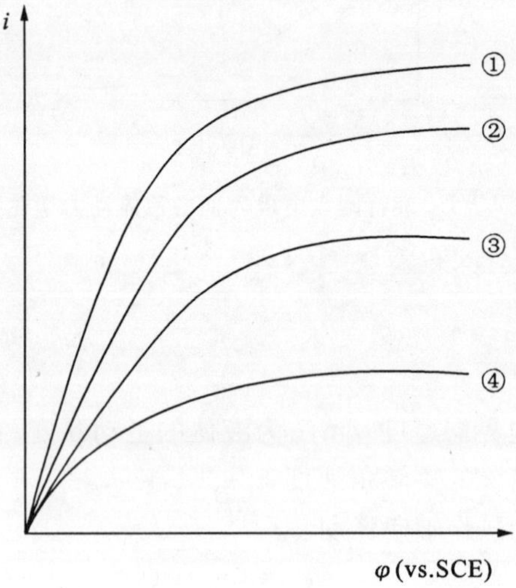

图 5-2　由旋转圆盘电极测定的极化曲线

①n=500r/min；②n=1 200r/min；③n=2 500r/min；④n=3 000r/min

将 i_d 对 $\omega^{1/2}$ 作图可得到一条过原点的直线，如图 5-3 所示。由式(5-4)可知，直线的斜率 a 为

$$a=0.62nFD^{2/3}\nu^{-1/6}C^0 \tag{5-6}$$

已知 n、C^0，可求得扩散系数 D。

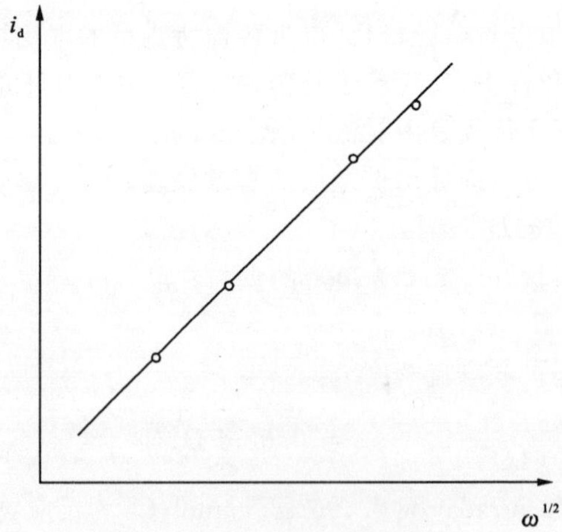

图 5-3　i_d 对 $\omega^{1/2}$ 关系图

2. 测定电镀溶液的微观分散能力

微观分散能力表征了电镀溶液对金属电极微观粗糙表面的整平能力。电镀溶液中的有机

添加剂可以改变电流在粗糙表面上的分布。如果选择的添加剂可以使微观凹处的电流增大、镀层增厚，使微观凸处的电流减小、镀层变薄，那么基体金属表面的显微孔隙或坑缝就会被填平(整平)，镀层就会变得平整而光亮。所以，测得电镀溶液的微观分散能力对于选择和研究电镀溶液的整平剂有重要作用。

为便于研究，可用有一定几何形状的显微波穴(例如深度为小于 0.5mm 的三角波穴)的平面，来代替显微粗糙表面。这样，所谓微观分散能力，就可以理解为电流或者镀层在波峰和波谷之间的差异程度。

微观分散能力大致分 3 种类型：

(1)几何整平：又称自然整平，亦可叫做好的微观分散能力，如图 5-4(a)所示。微观凹处与微观凸处的金属电沉积的速度相等，即波峰与波谷处的电流近似相等($I_{\text{谷}} \approx I_{\text{峰}}$)，镀层厚度也可以近似相等($H_{\text{谷}} \approx H_{\text{峰}}$)，因而使波穴深度减小。

(2)负整平：这种类型的微观分散能力最差，如图 5-4(b)所示。在金属电沉积过程中，由于 $I_{\text{峰}} > I_{\text{谷}}$，所以 $H_{\text{峰}} > H_{\text{谷}}$，其结果造成波峰镀层加厚而波谷处镀层变薄，镀层变得愈加不平整。

(3)正整平：又叫做真整平或很好的微观分散能力，如图 5-4(c)所示。由于 $I_{\text{谷}} > I_{\text{峰}}$，所以 $H_{\text{谷}} > H_{\text{峰}}$，即波峰处镀层薄而波谷处镀层厚，显微波穴深度变浅，表面被整平，镀层平整而光亮。

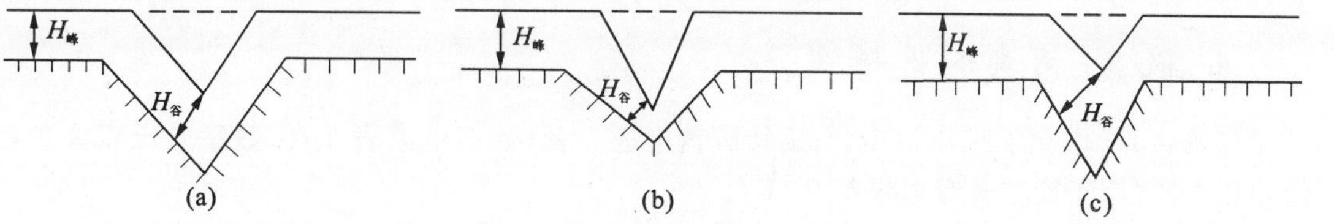

图 5-4　微观分散能力的 3 种类型

(a)几何整平；(b)负整平；(c)正整平

在不同条件下为什么会产生上述 3 种不同的微观分散能力呢？我们知道，在宏观几何不平的表面上，扩散层厚度是处处相等的，而在显微粗糙表面上，扩散层边界在离开表面一定距离处是平整的，所以波峰处扩散层厚度 $\delta_{\text{峰}}$ 小于波谷处扩散层厚度 $\delta_{\text{谷}}$。当金属电沉积过程受电化学步骤控制时，尽管 $\delta_{\text{峰}} < \delta_{\text{谷}}$，但这种差别没有引起峰谷处电沉积速度的变化，此时微观分散能力的类型表现为几何整平。如果金属离子的电沉积受扩散步骤控制，由于 $\delta_{\text{峰}} < \delta_{\text{谷}}$，其结果使波穴深度加大，表现为负整平。当镀液中加入整平剂后，整平剂的吸附受传质步骤控制。波峰处 $\delta_{\text{峰}}$ 小，所以整平剂可优先吸附在波峰处，阻化金属离子放电，此时，波谷处的金属离子则较容易放电，所以 $I_{\text{谷}} > I_{\text{峰}}$，表现出正整平的微观分散能力。

旋转圆盘电极的扩散层厚度与转数有关，提高转数，扩散层厚度变薄，可用来模拟微观粗糙表面的“波峰”；降低转数，扩散层厚度增大，可用来模拟微观粗糙表面的“波谷”。在恒定的电位下，测量电流随转数的变化，就能够判断微观分散能力的类型。

当镀液中不含任何添加剂时，电流基本上不随转数变化(图 5-5①)，即不随扩散层厚度变化，所以该镀液具有好的微观分散能力(几何整平)。镀液中添加糖精，测量结果如图 5-5

②所示。电流随转数提高而提高，表现为负整平。镀液中添加1,4-丁炔二醇，测量结果如图5-5④所示。镀液中添加791镀镍光亮剂，测量结果如图5-5③所示。1,4-丁炔二醇和791镀光亮剂都使电流随转数增高而下降，即扩散层厚度愈薄，电流愈小，因而镀层得到正整平，镀液具有很好的微观分散能力。

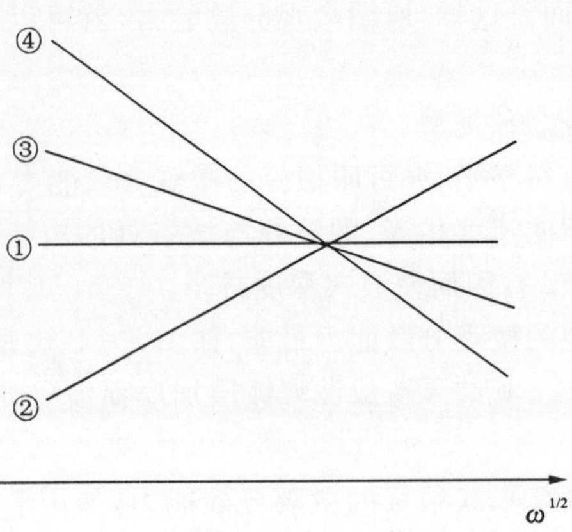

图5-5　电流密度与转速之间的关系

①几何整平；②负整平；③正整平；④正整平

三、仪器、用具和材料

仪器：CHI电化学工作站1台；旋转圆盘电极1台；数字电流表2台；数字电压表2台；交流稳压电源(用于旋转圆盘电极配套)1台。

用具：氮气瓶(高纯氮气)1瓶；烧杯(500mL)4个。

材料：$K_4[Fe(CN)_6]$；$K_3[Fe(CN)_6]$；KCl；$NiSO_4$；$NiCl_2$；H_3BO_3；糖精；1,4-丁炔二醇；791镀镍光亮剂；H_2SO_4。

(1)扩散系数测量体系：P_t | $Fe(CN)_6^{4-}+Fe(CN)_6^{3-}+KCl$ | P_t

铂电极(圆盘电极自带，直径4mm，研究电极)1只；螺旋P_t丝电极(辅助电极)2只；饱和甘汞电极(参比电极)2只。电解液为：0.01mol/dm^3 $K_4[Fe(CN)_6]$+0.01mol/dm^3 $K_3[Fe(CN)_6]$+1.0mol/dm^3 KCl。

(2)镀镍体系：铂电极(圆盘电极，直径4mm，研究电极)1只；硫酸亚汞电极或饱和甘汞电极(参比电极)2只；镍电极(辅助电极)2只。

镀液①：250g/L $NiSO_4$+60g/L $NiCl_2$+40g/L H_3BO_3；

镀液②：镀液①+0.8g/L糖精；

镀液③：镀液①+0.4g/L1,4-丁炔二醇；

镀液④：镀液①+4mg/L　791镀镍光亮剂。

四、实验步骤

(1)将旋转电极用浓硫酸浸洗、蒸馏水冲净后，用滤纸将水分吸干(注意切勿将水等溅入电极套内)，然后沿轴向准确地固定到套架上，在低转速下观察，电极头不应有明显晃动现象。

(2)小心地将旋转圆盘电极装入电解池中(插入中心位置的磨口处),再将电解池固定在机架上,注入电解液后,将辅助电极、参比电极、通气管、出气管装入电解池的其他 4 个带磨口小管内。

(3)通氮气 20min,以除去电解液中的溶解氧。

(4)将旋转圆盘电极的辅、参、研、地 4 个接线端分别与电化学工作站的辅、参、研、地接线柱相连。

(5)将旋转圆盘电极设备接交流稳压电源。每次开机后,应让旋转电极在中速下(如 3 000r/min)预转 20min,当室温低于 15℃时,适当延长至 30min,以减少漂移,提高转速的稳定性和测量精度。

(6)打开电化学工作站电源,预热 15min 后,启动运行软件。先测定研究电极在 700r/min 下的阳极和阴极极化曲线。极化曲线从自然电位开始测量,改变电极电位,测量极化电流值,一直做到出现极限电流为止。

(7)在"Setup"的菜单中执行"Technique"命令,在显示的对话框中选择"Open Circuit Potential - Time",获得稳定的自腐蚀电位(自然电位)。

(8)在"Setup"的菜单中执行"Technique"命令,在显示的对话框中选择"Tafel Plot"命令进入参数设置界面(如未出现参数设置界面,再执行"Setup"菜单中的"Parameters"命令进入参数设置界面)。

实验条件设置如下。Init E(初始电位):步骤(7)测得的自然电位;High E(最高电位):0.5V;Low E(最低电位):－0.1V;扫描速度:0.01V/s;Sensitivity(灵敏度):1e－03。

执行"Control"菜单中的"Run Experiment"命令,开始极化实验,极化曲线自动画出。

打开"Graphics"菜单,选择"Mamual Results"命令,对试验结果进行分析。

(9)测定研究电极分别约在 1 500r/min、2 500r/min、3 500r/min 下的阳极和阴极极化曲线。

打开"Graphics"菜单,选择"Overlay Plots"或"Add Data to Plots"对实验结果进行叠加并分析。

(10)实验结束后,关掉旋转电极的电机开关,使电极停转后方可闭(启)电源开关。

(11)测定电镀溶液的微观分散能力。将镍电极装入电解池,注入待测镀液后,即可进行测量。为便于比较,各种镀液均取转数为 3 000r/min,电流为 8mA 作为参考点进行测量,记录电流随转速的变化。

五、注意事项

(1)先熟悉仪器设备后再进行实际系统操作。

(2)调整好旋转圆盘电极、参比电极、辅助电极及电解槽的相对位置,以免电极在高速旋转过程中受损。

(3)试验体系中 $K_4[Fe(CN)_6]$溶液易氧化,操作过程中应注意避免。

(4)在电脑桌面指定文件夹内建立自己的文件目录存储图形和数据(实验完毕必须将自己的实验数据复制回去,并删除电脑桌面上自己的实验数据文件,请勿留在实验室的电脑内或删除别人实验数据文件以及其他文件)。

六、数据记录及处理

1. 测定反应粒子的扩散系数

数据处理时，电子反应数为1，溶液运动黏度为10^{-2} cm^2/s，反应物浓度的量纲为mol/cm^3。

(1)将不同转数下测得的电极电位、电流值写入下表中。

转速(r/min)	电极电位(V)	电流(mA)

(2)绘制各种转速下的极化曲线。

(3)以不同转速下的极限电流密度i_d对$\omega^{1/2}$作图，应得到一条过原点的直线，由斜率求出扩散系数D，$D_{Fe(CN)_6^{3-}}$由阴极极化曲线测定，$D_{Fe(CN)_6^{4-}}$由阳极极化曲线测定。

(4)试求体系的电子转移系数、电极反应交换电流密度和标准反应速度常数。

2. 测量镀液的微观分散能力

(1)将4种电镀溶液的实验数据列于下表。

镀液	转速(r/min)	电流(mA)

(2)以I对$\omega^{1/2}$作图，绘制4条直线，并分析各种镀液的微观分散能力的类型。

实验六　电位阶跃技术研究金属电结晶过程

一、实验目的

(1)掌握电位阶跃实验技术及原理。

(2)掌握利用计时电流法研究金属电结晶过程,分析其电化学机理。

二、实验原理

与一般化学氧化还原过程不同,电化学过程可以利用对研究电极施加不同的电位(正于或负于自然电位),从而控制电极表面上的氧化或还原过程。控制电位阶跃暂态测量方法,是指控制电极电势按照一定的具有电势突跃的波形规律变化,同时测量电流随时间的变化(称为计时电流法,Chronoamperometry),或者测量电量随时间的变化(称为计时电量法,Chronocoulometry),进而分析电极过程的机理、计算电极的有关参数或电极等效电路中各元件的数值。

计时电流法是一种常用的电化学测试技术。时间电流法通常取无电化学反应发生的电极电位为初始值(φ_{init}),从该初始值阶跃到某一电位(φ)后保持一段时间,同时记录电流随时间变化的曲线。对于简单的电极反应,其时间电流曲线与反应的可逆性和阶跃的电位值有关。如果所选的电位阶跃幅度不够大,此时虽发生净的电化学反应,但不足以使电极表面的反应物浓度(C^S)下降到0,这时暂态扩散电流密度应为

$$i = nFA(C^0 - C^S)\sqrt{\frac{D}{\pi t}} \tag{6-1}$$

式中,n 为反应电子数;F 为 Faraday 常数,96485C/mol;A 为电极的反应面积,cm^2;C^0 为反应物的本体浓度,mol/cm^3;C^S 为反应物在电极表面处的浓度,mol/cm^3;D 为反应物的扩散系数,cm^2/s;t 为电位阶跃时间,s。

在阶跃电位足够大的情况下,电极表面的反应物浓度可能达到零,则时间电流曲线就与反应的可逆性和阶跃的电位值无关,仅与反应物的扩散过程有关。根据电位阶跃技术提供的初始条件、边界条件,求解得到在电位阶跃幅度足够大时所得到的极限电流密度与时间的关系。

$$i_{\text{d}} = nFAC^0\sqrt{\frac{D}{\pi t}} \tag{6-2}$$

该式也称为 Cottrell 方程,是计时电流法的基本公式。

在电位阶跃过程中,在电流采样的初期,电流信号中包含非 Faraday 双电层电流。时间电流曲线一般难以获得光滑的曲线,为了减小误差,在数据处理时应遵循后期取样原则,且后期电流信号的信噪比较低。采用时间电量曲线可以克服这些问题。

将电流对时间积分,可以获得时间电量曲线。由式(6-2)可得到

$$Q_d = \int_0^t i_d dt = 2nFC^0\sqrt{\frac{Dt}{\pi}} \tag{6-3}$$

当电极上还存在其他反应(如 $Q_{吸附}$)以及考虑到双电层充电的电量(Q_{dl})贡献,总电量为

$$Q(t) = Q_{dl} + nFA\Gamma_O + 2nFAC^0\sqrt{\frac{Dt}{\pi}} \tag{6-4}$$

若以 $Q(t)$ 对 $t^{1/2}$ 作图,可以得到一条直线。$Q(t)$ 与 $t^{1/2}$ 成正比是溶液中暂态浓差计划的特征(图 6-1 中的直线②)。这是因为反应物来自溶液,可以借助扩散不断补充。如果反应物不吸附在电极表面($nFAC^O$ 项),该直线几乎通过原点,因为 Q_{dl} 很小($Q_{dl}=C_{dl}A\Delta E$,一般为 $20\mu F/cm^2$)。可通过该直线的斜率计算反应过程的扩散系数。

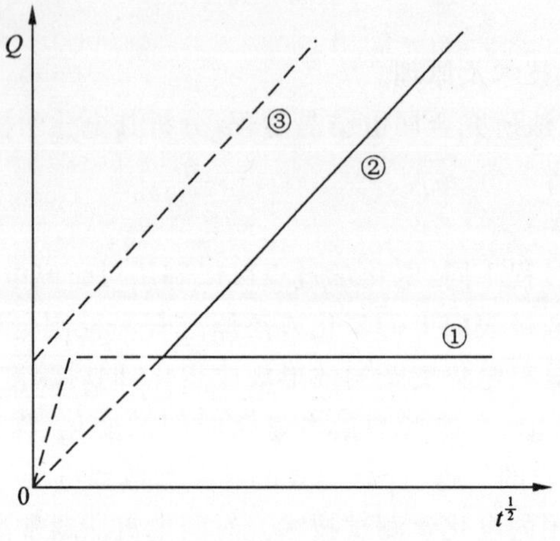

图 6-1　电位阶跃实验的 $Q(t)-t^{1/2}$ 曲线

①反应物来自电极表面的吸附物质;②反应物来自溶液中;③上述两种情况兼有

如果反应物是预先吸附在电极表面上的,则此反应物消耗完毕后 $Q(t)$ 就不再增加,在 $Q(t)$ 对 $t^{1/2}$ 图上为一条水平线(图 6-1 中的直线①)。溶液中的反应物及吸附的反应物在电位阶跃实验中表现出不同的特征,其原因是前者可以从溶液中继续补充,而后者无补充来源。这些特征可用来判别反应物的来历。还有"两者兼有"的情况,即既有吸附的反应物参加电极反应,又有溶液中的反应物直接掺加反应,或间接地补充吸附后再参加反应。这种情况的 $Q(t)$ 与 $t^{1/2}$ 关系,如图 6-1 中的直线③所示。$nFA\Gamma_O$ 为消耗于预先吸附反应物的电量,可据直线③的截距($Q_{吸附}$)求吸附反应物的吸附量 Γ_O(mol/cm²)。

$$\Gamma_O = Q_{吸附}/nF \tag{6-5}$$

三、仪器、用具和材料

仪器:CHI 电化学工作站 1 台。

用具:铂片电极(工作电极)2 只;饱和甘汞电极(参比电极)2 只;铂黑电极(辅助电极)2 只;烧杯(500 mL,用作电解池)2 只。

材料:0.01mol/dm³ $AgNO_3$ + 0.1mol/dm³ KNO_3(电解液);王水。

四、实验步骤

(1)将研究电极、参比电极、辅助电极洗净放入电解池,并加入适量的电解液。

(2)接好实验装置(一般红色夹头接对电极,白色夹头接参比电极,绿色夹头接工作电极)。

(3)依次打开电化学工作站、计算机、显示器等电源,预热 10min 后启动 CHI 软件。

(4)用计时电流技术做暂态实验。起始电位置于 0.8V 静置 30s,电位再分别按顺序阶跃到 0.45V、0.425 V、0.40V、0.38V 、0.36V、0.34V 、0.32V、0.30V、0.25 V 、0.20V、0.15V 、0.10V 这 12 个电位,每次再阶跃回 0.8V 阳极溶出,共 12 次实验。读取每个电位下 4s 时的电流值。

(5)执行"Control"菜单中的"Open Circuit Potential"命令,获得自然电位。

(6)在"Setup"的菜单中执行"Technique"命令,在显示的对话框中选择"Chronoamperometry"进入参数设置界面(如不出现参数设置界面,再执行"Setup"菜单中的"Parameters"命令进入参数设置界面)。

实验条件设置如下。Init E(初始电位):0.8V;High E(最高电位):0.80V;Low E(最低电位):0.0V;Number of Steps(步骤次数):2;Pulse width(阶跃幅度):5s;Sample interval (采样间隔):0.000 1s;Quiet time(静置时间):30s;Sensitivity(灵敏度):5e－3。

(7)执行"Control"菜单中的"Run Experiment"命令,开始极化实验。

(8)实验结束,将 Pt 电极置于王水中浸泡 40s。

五、注意事项

(1)注意在使用恒电位仪时应先接参比电极和辅助电极。先试扫一圈 CV 保证仪器正常后再连接工作电极。

(2)当电化学工作站仪器的程序在运行中不要断开任何电极,实验过程中注意不能过载。

(3)所有实验中必须注意量程挡和扫描范围的正确选择。

(4)参与电化学反应的是电极最表面一层原子,所以电极表面的洁净度将直接影响实验结果。实验中取放电极时应避免任何污染。

(5)在电脑桌面建立自己的文件目录存储图形和数据(实验完毕必须将自己的实验数据复制回去,并删除电脑桌面上自己的实验数据文件,请勿留在实验室的电脑内或删除别人实验数据文件以及其他文件)。

六、数据记录及处理

(1)读取 I 对 E 作图,分析该曲线的特点,读取平衡电位。

(2)据 0.2V 时的 $I-t$ 曲线,作 $I_d-t^{1/2}$ 图,积分得到电量,作 $Q-t^{1/2}$ 图,通过斜率估算 D 值。

七、思考题

(1)如何计算扫描过程所需的时间?

(2)为何两次循环的起始沉积电位不同?

(3)为何在双电层充电结束后电流时间曲线出现一个峰,该峰对应的是一个怎样的过程?

(4)为何每次电位阶跃实验前电极要在 0.8V 保持 30s?

实验七　三角波电位扫描法研究氢和氧在铂电极上的吸附行为

一、实验目的

(1)掌握三角波电位扫描法的测量技术。

(2)测量氢、氧在铂电极上的吸脱附规律，并绘制 $\varphi-i$ 曲线。

(3)通过实验加深对氢电极过程的理解。

二、实验原理

用恒电位仪控制研究电极电位在一定范围内以恒定的速度按三角波的规律变化，即依次做方向相反的线性电位扫描，同时用示波器和函数记录仪记录通过电极的电流随电位的变化曲线。该曲线称为电位扫描曲线或循环伏安曲线，该方法称作三角波扫描法或循环伏安法。三角波的电位范围可根据实验要求进行选择。如只需对研究电极进行阴极过程的研究时，则电位范围应选择该电极平衡电位的负向；反之，应选择在平衡电位的正向。若既要观察阴极过程又要观察阳极过程，那么，电极范围就应选择在平衡电位两侧。

在动电位扫描曲线中可以观察到电流波峰的存在，峰电流形成的原因，可能是电化学反应造成的。到电位扫描后期，扩散电流又因扩散层厚度的增加而降低，因而形成电流峰值。也可能是由于法拉第吸附电流或是一般吸脱附过程所引起双电层电容急剧变化而带来的与之相应双电层充放电电流的急剧变化，因此，三角波电位扫描法在研究电极过程和吸脱附过程中是一种有用的工具。本实验采用该法研究氢、氧原子在铂金电极上的吸脱附行为。

氢析出反应的最终产物是氢分子，但是两个水化的原子在电极表面上同一处同时放电的概率是很低的。因此，电化学反应的最终产物是氢原子，该原子具有高度的化学活泼性，它可以和金属表面互相作用(近似于化学键力)生成 MH(M 为电极的金属，H 为氢原子)。此过程称为法拉第吸附过程。

$$H^+ + e^- + M \longleftrightarrow M-H$$

在平滑的 Pt、Pa 等金属电极上，氢析出的过程，最大可能是受复合步骤控制，在电极上氧析出的同时，几乎没有发生副反应，主要发生电极材料的氧化，即便在 Pa 这样的金属材料上也是如此。例如，在 H_2SO_4 溶液中，当电位相对于氢标准电极电位在 0.9V 以上，在 Pt 电极上将发生 H_2O 的氧化，并与电极金属互相作用。

$$M + H_2O = M-O + 2H^+ + 2e^-$$

因而可以采用在一定范围内的三角波电位扫描法研究氢、氧的法拉第吸附。存在 H_2SO_4 中的 $\varphi-i$ 曲线如图 7-1 所示。

曲线可以分为 3 个区域，Ⅰ——氢区、Ⅱ——双层区，Ⅲ——氧区。横轴上部为正向扫描

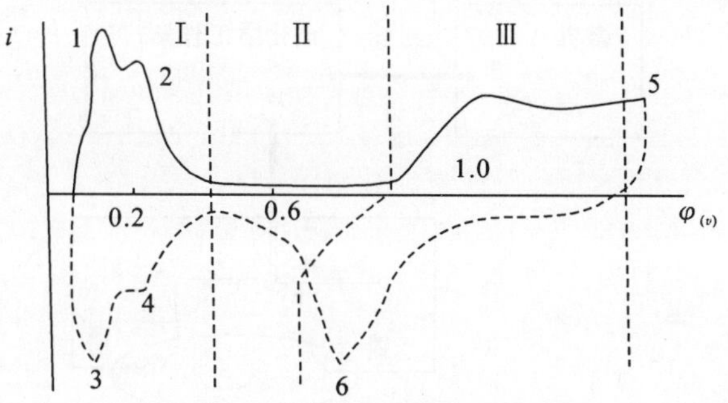

图 7-1　Pt 在 H_2SO_4 中的 $\varphi-i$ 曲线

所得到的极化曲线，横轴下部为负向扫描所得到的极化曲线。

负向扫描时，氢区出现的两个电流峰是氢的吸附峰，峰 4 处对应着 H^+ 的还原过程，所生成的原子 H 吸附在 Pt 上形成 MH。此时由于 Pt 电极刚刚开始吸附氢原子，所以电极表面的吸附覆盖度较低，因而所形成的 MH 结合力较强，这部分吸附氢称作强吸附氢，以强 $H_{吸}$ 表示。当 Pt 电极表面已经吸附一部分强 $H_{吸}$ 之后，Pt 电极表面吸附覆盖度增大，此时再继续进行氢的吸附，就与金属表面结合较弱，所以在峰 3 处吸附的氢为弱吸附氢，以弱 $H_{吸}$ 来表示。

在正向扫描时，氢区的两个峰为氢的脱附峰，峰 1 比峰 2 的电位更负，不难理解，峰 1 处的吸附氢较峰 2 处的吸附氢容易氧化，即容易脱附。显然，这是因为峰 1 处所对应的是弱 $H_{吸}$，故容易脱附，而峰“2”处所对应的是强 $H_{吸}$，所以较难脱附。

由图 7-1 看出，峰 2、峰 4 的 i_p 和 φ_p 基本相同，而峰 1 和峰 3 的 i_p 和 φ_p 也基本相同，因此，可以说在 Pt 电极上氢的吸脱附过程基本上是可逆的。

同时，图 7-1 显示，在Ⅱ区没有电化学反应发生，只有微弱电流用于双层充电。Ⅲ区为氧的吸脱附区，氧的吸附峰 5 和氧的脱附峰 6 分离较远且峰值不等，可见氧的吸脱附过程不是可逆的。

三、仪器、用具和材料

仪器：CHI 电化学工作站 1 台。

用具：铂片电极（研究电极、辅助电极）4 只；汞-硫酸亚汞电极（参比电极）2 只；烧杯（500mL，用作电解池）2 个；氮气 1 瓶。

材料：0.5mol/dm^3 H_2SO_4 溶液（电解液，该溶液用优级纯试剂和二次蒸馏水配制，使用时通氮气，纯度 99.99，约 500mL）。

四、实验步骤

(1)电化学工作站与控制微机联机，开机预热 30min。

(2)研究电极经除油清洗后，装入电解池。

(3)按图 7-2 接好线路（红色接头接辅助电极，白色接头接参比电极，绿色接头接研究电极，黑色接头悬空，作为感受电极）。

(4)通氮气鼓泡 15～20min，以除去溶液中多余的氢和氧。

(5)依次打开电化学工作站、计算机、显示器等电源，预热 10min 后启动 CHI 软件。

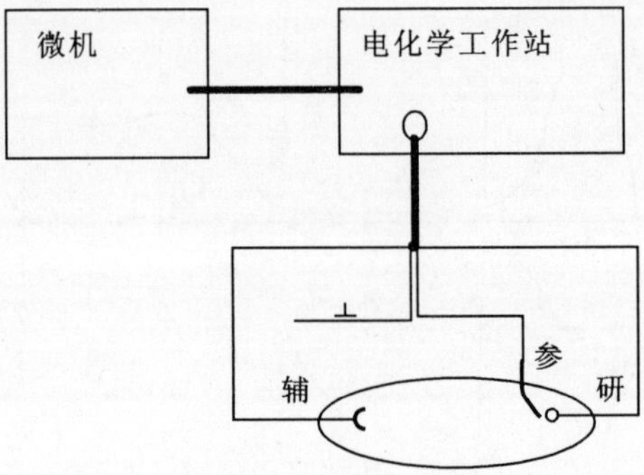

图 7－2　线路图

(6)执行“Control”菜单中的“Open Circuit Potential”命令，测量研究电极相对参比电极的自然电位。

(7)在“Setup”菜单中执行“Technique”命令，选择“Cyclic Voltammetry”技术进入参数设置界面(如未出现参数设置界面，再执行“Setup”菜单中的“Parameters”命令进入参数设置界面)。

实验条件设置如下。Init E(初始电位)：步骤(6)测得的自然电位；High E(最高电位)：一般是在步骤(6)测得的自然电位基础上增加 800～1 500mV；Low E(最低电位)：步骤(6)测得的自然电位减小 800～1 500mV；扫描速度：25mV/s；Sensitivity(灵敏度)：默认。

(8)执行“Control”菜单中的“Run Experiment”命令，开始极化实验。

(9)实验结束后，保存实验结果，得到循环伏安曲线和峰值参数。

五、注意事项

在电脑桌面建立自己的文件目录存储图形和数据(实验完毕后必须将自己的实验数据复制回去，并删除电脑桌面上自己的实验数据文件，请勿留在实验室的电脑内或删除别人实验数据文件以及其他文件)。

实验八　线性极化技术测量金属腐蚀速率

一、实验目的

(1)掌握线性极化法测量金属腐蚀速率的基本方法和原理。

(2)学习使用线性极化法测量不锈钢在不同介质中的阴极极化曲线和阳极极化曲线，求极化阻力 R_p 值。

(3)根据不锈钢在不同介质中的 R_p 值分析对不锈钢腐蚀速率的影响。

二、实验原理

金属腐蚀发生的根本原因是其热力学上的不稳定性造成的，即金属及其合金较某些化合物原子处于自由能较高的状态，这种倾向在条件(动力学因素)具备时，就会发生金属单质向金属化合物的转变，即发生腐蚀。金属几乎在一切环境条件下都会发生腐蚀。金属腐蚀是以电化学理论为基础的，电化学腐蚀的要求有 4 个主要因素：阳极、阴极、电解质和构成电流通路。

金属腐蚀的大部分过程为电化学腐蚀，即腐蚀是通过腐蚀电池进行的，腐蚀电池有两大类：一类是宏观上可以区分阴、阳极的腐蚀电池，在腐蚀过程中发生的电池反应如下：

阳极反应：$m_O - n\mathrm{e}^- \longrightarrow m_O^{n+}$

阴极反应：$O_X + n\mathrm{e}^- \longrightarrow R_{\mathrm{cd}}$

总反应：$m_O + O_X \longrightarrow m_O^{n+} + R_{\mathrm{cd}}$

式中，O_X 为氧化剂；R_{cd}为还原剂。

在多数腐蚀场合，氧化剂通常由水中溶解的氧或氢离子来承担，阴极反应为

$$\frac{1}{2}O_2 + H_2O + 2e^- \longrightarrow 2OH^-$$

或

$$H^+ + e^- \longrightarrow \frac{1}{2}H_2$$

金属与电解质接触，经过一定时间即可获得一个稳定的电位值，这个电位值通常称为腐蚀电位，又叫自然电位，不同的金属对于同一种电解质溶液可以表现出不同的腐蚀电位，如果按腐蚀电位由低到高的顺序进行排列，就可得到各种金属在某种溶液中的腐蚀电位序。从两种金属在腐蚀电位序中的位置，可以判断在指定的电解液中，哪种金属可能发生腐蚀。

金属作为阳极而被腐蚀时，失去的电子愈多即流出的电量愈大，金属溶解的也就愈多，溶解量或腐蚀量之间的关系服从法拉第定律。

$$W = \frac{QM}{nF} = \frac{ItM}{nF} \tag{8-1}$$

腐蚀速率 V 是指金属在单位时间内单位面积上所损失的重量，以 g/(m^{2}h)为单位。

$$V = \frac{W}{St} = \frac{3\,600IM}{SnF} \tag{8-2}$$

式中，V 为腐蚀速度，g/(m^{2}h)；M 为金属的原子量；n 为电子转移数；F 为法拉第常数；ρ 为金属密度，g/cm^3；S 为腐蚀面积。

可以用腐蚀深度 d 来表示，以 mm/a 作单位，则

$$d=\frac{V}{\rho} \tag{8-3}$$

也可以用腐蚀电流密度 i_{corr} 来表示，i_{corr} 单位为 μA/cm^2，它们之间关系为

$$V=\frac{M}{nF}i_{corr}=3.73\times10^{-4}\frac{M}{n}i_{corr} \tag{8-4}$$

$$d=\frac{V}{\rho}=3.28\times10^{-3}\frac{M}{n\rho}i_{corr} \tag{8-5}$$

金属的腐蚀速率若用腐蚀电流密度 i_{corr} 来表示，i_{corr} 可用极化曲线图进行图解(图 8-1)。在极化曲线图中，同时绘有金属阳极氧化和阴极还原的极化曲线。两条极化曲线交点的横坐标 i_{corr} 即为腐蚀电流密度，纵坐标 E_{corr} 是腐蚀电位。由极化曲线图可知，交点的位置即腐蚀电流大小取决于极化曲线的走向。在腐蚀过程中，如果某一步骤与其余步骤比较阻力最大，则这一步骤对于腐蚀进行的速度就起主要影响，这一步骤即为腐蚀的控制因素。在阴极极化严重的情况下，腐蚀过程为阴极控制[图 8-1(a)]；若阳极极化起主导作用，则为阳极控制[图 8-1(b)]；在阴极和阳极为同一数量级的场合，则为混合控制[图 8-1(c)]。

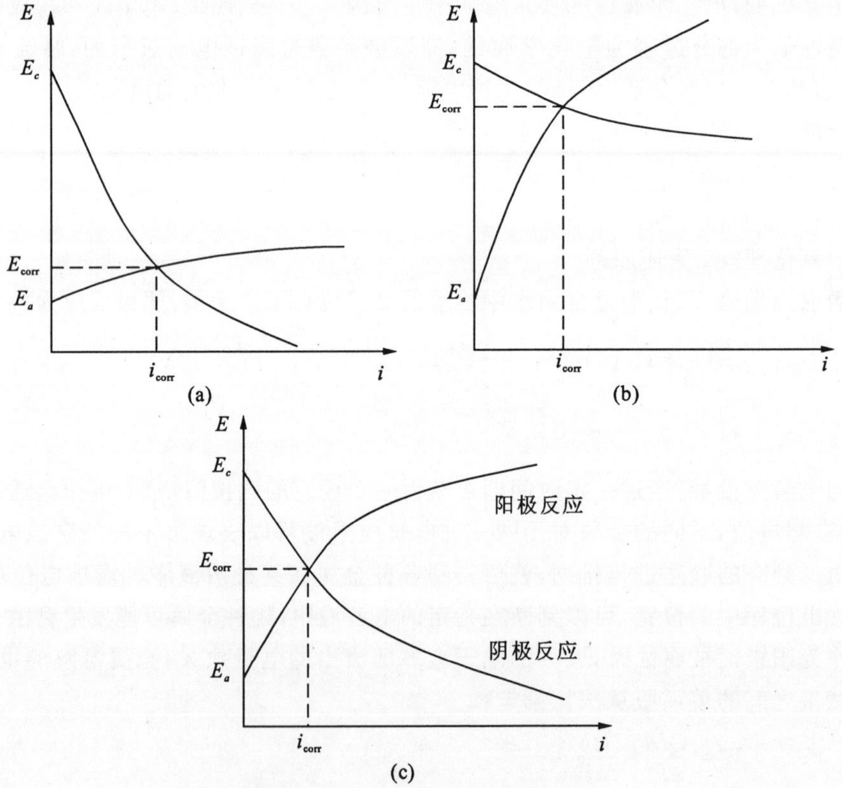

图 8-1　电流与电极电位的关系

(a)阴极控制；(b)阳极控制；(c)混合控制

在实际测量中，通常是将电流与极化电位的关系转换为 Tafel 关系式即半对数关系作图，从稳定电位开始极化，利用在高过电位区的直线外推求得腐蚀电流(图 8-2)。

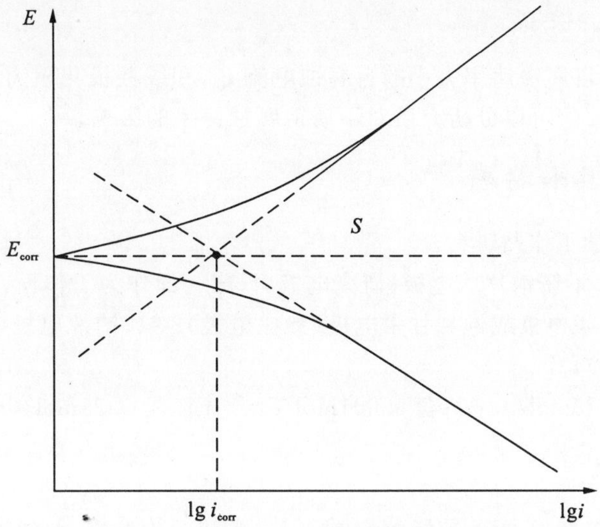

图 8-2　电流的对数与电极电位的关系

不锈钢在特定介质中的腐蚀速率是评价不锈钢的耐蚀能力的主要参数。腐蚀介质(成分、浓度)对不锈钢耐腐蚀能力有重要的影响。常规的质量法，测量时间冗长，步骤复杂。线性极化法以其灵敏、快速、方便等特点，已成为测量不锈钢腐蚀速率的常用方法。线性极化法的原理是依据在电极的自腐点位附近(±10mV)加极化电流，电极电位的变化 ΔE 和外加电流 Δi 成正比。

根据斯特恩(Stern)和盖里(Geary)的理论推导，对于活化控制的腐蚀体系，极化阻力($R_p = \Delta E/\Delta i$)与自腐蚀电流之间存在如下关系：

$$R_p = \frac{\Delta E}{\Delta i} = \frac{b_a b_c}{2.303(b_a + b_c)} \times \frac{1}{i_{corr}} \tag{8-6}$$

式中，R_p 为极化电阻率，$\Omega \cdot cm^2$；ΔE 为极化电位，V；Δi 为极化电流密度，A/cm^2；i_{corr} 为金属的自腐蚀电流密度，A/cm^2；b_a、b_c 分别为阳极和阴极的塔菲尔常数，V。

式(8-1)还包含了腐蚀体系的两种极限情况。当局部的阳极反应受活化控制，而局部阴极反应受氧化剂扩散控制时(如氧的扩散控制)$b_c \to \infty$，则式(8-1)简化为

$$R_p = \frac{\Delta E}{\Delta i} = \frac{b_a}{2.3} \times \frac{1}{i_{corr}} \tag{8-7}$$

当局部阴极反应受活化控制，而局部阳极反应受钝化控制时(如不锈钢在饱和氧介质中)$b_a \to \infty$，则式(8-1)简化为

$$R_p = \frac{\Delta E}{\Delta i} = \frac{b_c}{2.3} \times \frac{1}{i_{corr}} \tag{8-8}$$

对一定的腐蚀体系，b_a、b_c 为常数，而 $K = \frac{b_a b_c}{2.3(b_a + b_c)}$ 也为常数，则式(8-1)、式(8-2)、式(8-3)可简化为

$$R_p=\frac{\Delta E}{\Delta i}=\frac{K}{i_{corr}} \tag{8-9}$$

或
$$i_{corr}=\frac{K}{R_p} \tag{8-10}$$

显然衡量不锈钢自腐蚀速率大小的自腐蚀电流 i_{corr} 和线性极化阻力 R_p 成反比，测量不锈钢在不同介质中的 R_p 值可以分析介质对不锈钢腐蚀速率的影响。

三、仪器、用具和材料

仪器：CHI 电化学工作站 1 台。

用具：304 和 430 不锈钢片状电极(研究电极，只露一面作为工作面，其他面均用环氧树脂覆盖)各 2 只；硫酸亚汞电极或饱和甘汞电极(参比电极)2 只；铂片电极(辅助电极)2 只；烧杯(500mL，用作电解池)4 个。

材料：H_2SO_4(0.25mol/dm^3)；含 0.001mol/dm^3 Cl^- 的 0.25mol/dm^3 H_2SO_4；丙酮。

四、实验步骤

(1)将被测 430 不锈钢、304 不锈钢用 3$^\#$～5$^\#$ 金相砂纸抛光，并用丙酮除油，用蒸馏水洗净备用。

(2)接好实验装置(一般红色夹头接辅助电极，白色夹头接参比电极，绿色夹头接工作电极)。

(3)依次打开电化学工作站、计算机、显示器等电源，预热 10min 后启动 CHI 软件。

(4)执行“Control”菜单中的“Open Circuit Potential”命令，获得自然电位。

(5)在“Setup”的菜单中执行“Technique”命令，在显示的对话框中选择“Tafel Plot”进入参数设置界面(如未出现参数设置界面，再执行“Setup”菜单中的“Parameters”命令进入参数设置界面)。

实验条件设置如下。Init E(初始电位)：步骤(4)测得的自然电位；High E(最高电位)：一般是在步骤(4)测得的自然电位基础上增加 800～1 500mV；Low E(最低电位)：步骤(4)测得的自然电位；扫描速度：0.25mV/s；Sensitivity(灵敏度)：默认。

(6)执行“Control”菜单中的“Run Experiment”命令，开始极化实验。

(7)分别测量 430 不锈钢在 0.25mol/dm^3 H_2SO_4 中的 R_p 值，430 不锈钢在含 Cl^- 的 0.25mol/dm^3 H_2SO_4 中的 R_p 值，304 不锈钢在 0.25mol/dm^3 H_2SO_4 中的 R_p 值以及 304 不锈钢在含 Cl^- 的 0.25mol/dm^3 H_2SO_4 中的 R_p 值。

五、注意事项

(1)注意线性极化范围的选择($\Delta E \leqslant \pm 10$mV)。

(2)在电脑桌面建立自己的文件目录存储图形和数据(实验完毕后必须将自己实验数据复制回去，并删除电脑桌面上自己的实验数据文件，请勿留在实验室的电脑内或删除别人的实验数据文件以及其他文件)。

六、数据记录及处理

将实验测得数据填入下表中。

项目	测量	在 0.25mol/dm^3 H_2SO_4 中	在含 Cl^- 的 0.25mol/dm^3 H_2SO_4 中
R_p/Ω	430 不锈钢		
R_p/Ω	304 不锈钢		

七、思考题

(1)线性极化法的基本原理是什么?

(2)R_p 为什么被称为线性极化电阻率?

(3)线性极化法有何局限性?

实验九　赫尔槽试验

一、实验目的

(1)掌握赫尔槽试验原理和方法，学会记录、观察以及分析电镀试片。

(2)通过对 DE 型镀锌液的赫尔槽试验，了解镀液各组分的作用、主要杂质的影响和消除方法以及阴极允许电流密度范围的确定。

(3)掌握用赫尔槽确定电镀液的工作电流密度范围的方法，锻炼观察评定试片镀层外观的能力。

二、实验原理

赫尔槽是于 1935 年设计的形似梯形的一种电镀工艺试验仪，它具有结构简单、使用方便、速度快、效果好、消耗镀液少等特点，是电镀工艺中最常用、最直观、半定量的一种实验方法，是电镀工作者必须掌握的试验手段。随着电镀技术的发展，赫尔槽的用途和结构都有了新的发展，不仅用于研究镀液组分的影响、选择添加剂、查明故障、确定电流密度范围等，而且用于测定分散能力、深镀能力和镀层的其他性能(整平性、脆性、内应力、耐蚀性等)。

在电镀中，阴极和阳极总是平行放置的，目的是阴极上各部位电流密度趋向均匀分布。但如果把阴极斜放，使阴极的各部位与阳极的距离不同，则阴极上的电流密度就随各部位而异，赫尔槽如图 9 - 1 所示。

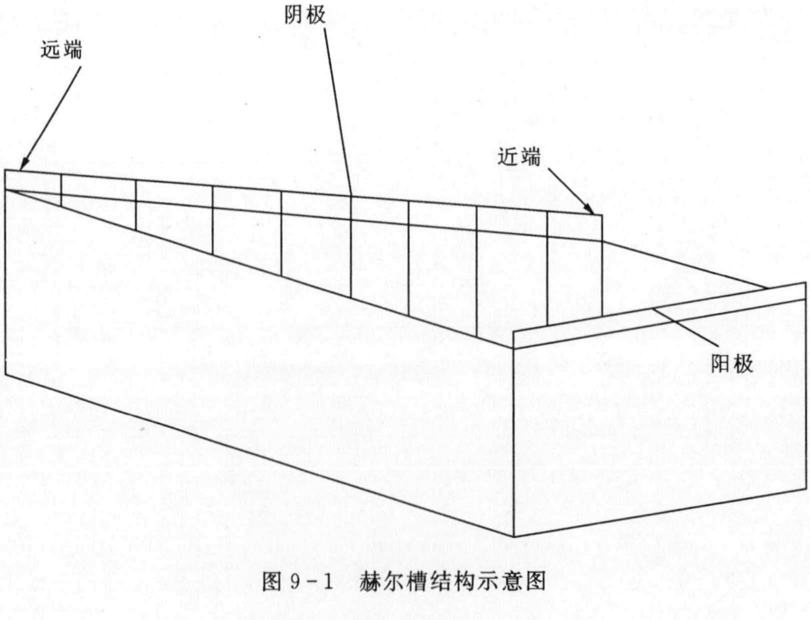

图 9 - 1　赫尔槽结构示意图

由于阴阳极距离呈有规律的变化，在固定外加总电流时，阴极上的电流密度分布也发生有规律的变化。大量的实验研究测定了阴极上各点离近端的距离与电流密度之间具有对数关系，如图 9-2 所示。

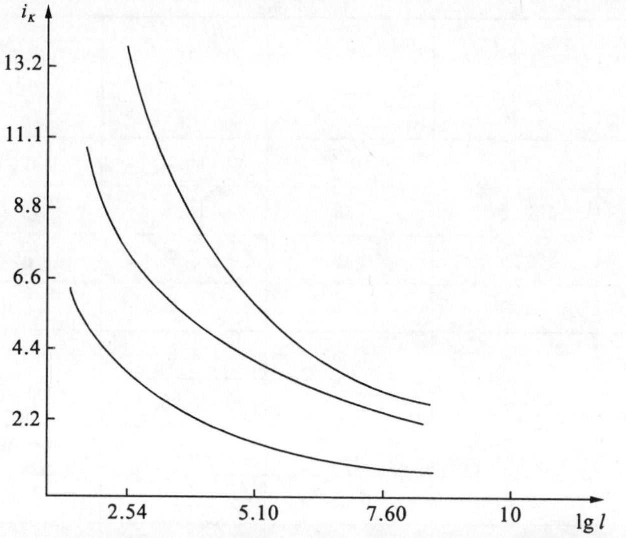

图 9-2　阴极上各点电流密度值与该点距阳极近端距离的对数关系

267mL 赫尔槽斜置阴极上各点的电流密度值与该点距阳极距离的对数关系，可按下式计算：

$$i_K = I(5.1 - 5.24\lg l) \tag{9-1}$$

式中，i_K 为阴极上某点的电流密度值，A/dm^2；I 为试验时电流强度，A；l 为阴极上某点距阳极近端的距离，cm。

可以看出，一次赫尔槽试验就可以知道电流密度从远端到近端相差约 50 倍范围内的镀层外观质量，所以可以直接从阴极试片上观察到不同电流密度下镀层的状况。因此，改变电镀液的组分和工艺参数并分别做赫尔槽试验，对阴极试片进行比较和分析，可以确定合理的配方和工作规范。赫尔槽的材料可用塑料或有机玻璃。不同容积的赫尔槽内部尺寸如图 9-3 所示。

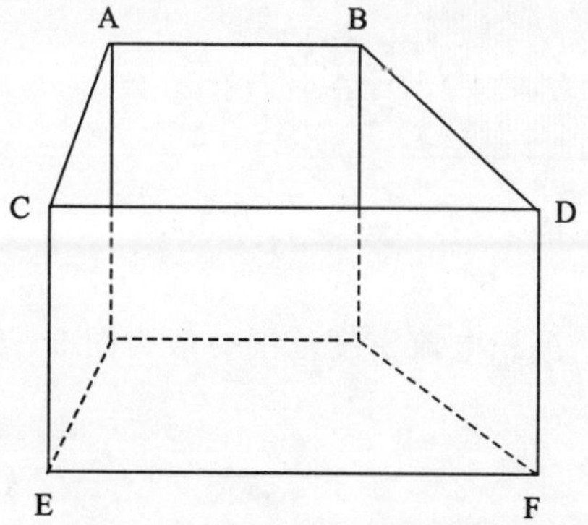

注：（单位：mm）

容 积	AB	CD	AC	BD	CE
267mL	48	127	64	102	65
1 000mL	119	213	86	127	81

图 9-3　赫尔槽结构规格及尺寸

试验用 250mL 镀液时亦可用上述公式，稍加校正即可。为方便起见，现将试验时常用的电流强度下阴极试片上各点的电流密度值列入表 9－1。

表 9－1　267mL 赫尔槽（250mL 镀液）阴极上的电流密度

l(cm) \ i(A/dm²) \ I(A)	1	2	3	4	5
1	5.1	10.2	15.3	20.4	25.5
2	3.5	7.0	10.5	14.0	17.5
3	2.9	5.8	8.7	11.6	14.5
4	1.9	3.8	5.7	7.6	9.5
5	1.4	2.8	4.2	5.6	7.0
6	1.02	2.04	3.06	4.08	5.1
7	0.67	1.34	2.01	2.68	3.35
8	0.37	0.74	1.11	1.48	1.85
9	0.10	0.20	0.30	0.40	0.50

本试验选用 267mL 赫尔槽，往其中加 250mL 镀液，这样，往赫尔槽中加 1g 物质则相当于每升镀液中加了 4g 物质，可便于折算镀液中的添加物种的含量。

为了便于对比和总结各种试验条件下的镀层状况，可将试验结果用绘图方式记录下来，但是在同一距离处赫尔槽阴极试片随着高度的不同，其镀层质量状况也不一致（图 9－4）。一般选图 9－5 所示的符号记录镀层的表面状态，如果这些符号还不足以说明情况，还可配合文字说明。

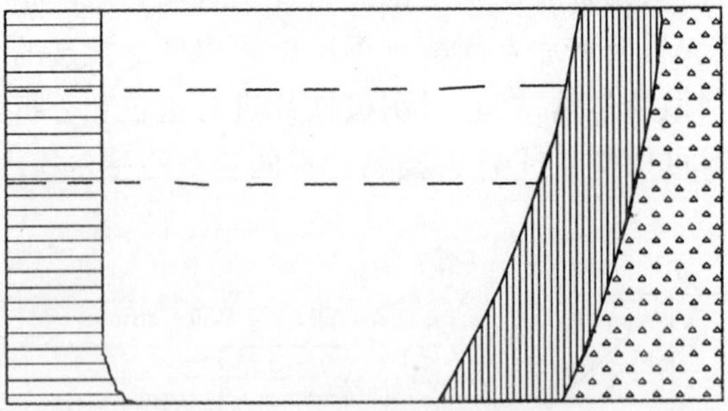

图 9－4　阴极试片部位的选择

赫尔槽实验结果可用图示记录，如图 9－6 所示。沉积电流密度范围一般为图 9－6 中的 BC 范围（图中 AB＝AD/2，CD＝BD/3）。

三、仪器、用具和材料

仪器：恒流稳压电源 1 台；赫尔槽（267mL）3 个；电流表（5A）3 台；万用电表 1 台。

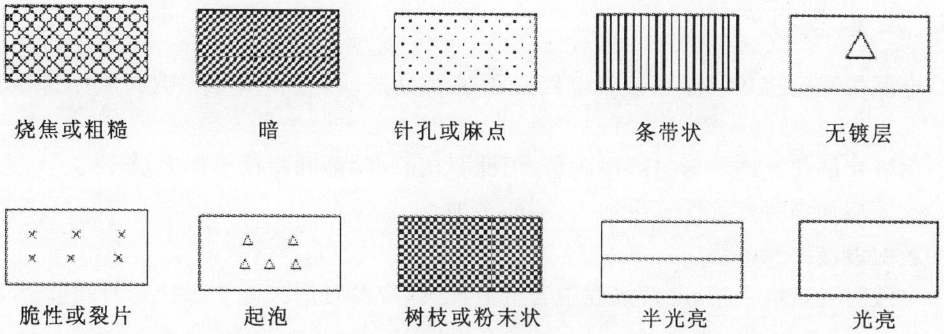

图 9-5　赫尔槽样板及镀层外观记录符号表示图

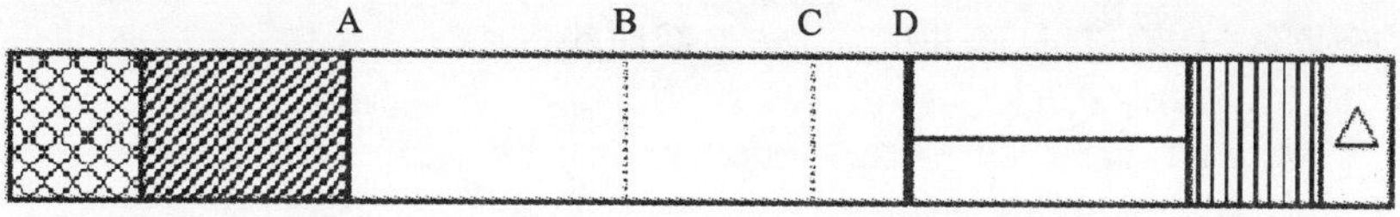

图 9-6　赫尔槽试验样板记录示意图

用具：锌阳极（尺寸：长 65mm、宽 63mm、厚 0.5mm）10 块；阴极试片①（单面铜板，尺寸：长 100mm、宽 70mm、厚 0.5mm）10 块；阴极试片②（单面铜板，尺寸：长 100mm、宽 70mm、厚 2mm，分成 10 或 5 格）3 块；烧杯（500mL）4 个。

待测体系（每种镀液 250mL）：镀液①：120g/L NaOH＋12g/L ZnO；镀液②：120g/L NaOH＋12g/L ZnO＋6mL/L DE 光亮剂；镀液③：120g/L NaOH＋12g/L ZnO＋6mL/L DE 光亮剂＋0.5g/L 香草醛；镀液④：60g/L NaOH＋12g/L ZnO＋6mL/L DE 光亮剂＋0.5g/L 香草醛；镀液⑤：180g/L NaOH＋12g/L ZnO＋6mL/L DE 光亮剂＋0.5g/L 香草醛；镀液⑥：镀液③＋0.04g/L $Pb(AC)_2$；镀液⑦：镀液③＋0.4g/L $Cu(AC)_2$。

四、实验步骤

(1)检查已经除油、除锈并在一面进行保护（一般是用胶带粘住另一面或涂有过氯乙烯清漆）的阴极试片的数量和质量，用蒸馏水清洗赫尔槽和锌阳极。

(2)接好线路。稳压电源正极依次接电流表正极及辅助对电极，电源负极接镀件电极。

(3)分别加入 250mL 镀液①、镀液②、镀液③、镀液⑥、镀液⑦，在室温下，用 1A 电流电镀 10min，取出试片，用水清洗，热风吹干，将结果填入记录表中，进行对比。

(4)插入赫尔槽，再分别加入 250mL 镀液③、镀液④、镀液⑤，在对应每格镀层电路中串联电流表。在室温下，用 1A 电流电镀 5min，取出试片，用水清洗，热风吹干，分别测量每格对应电流，将结果填入记录表中。

(5)将步骤(4)电镀后的镀液⑦倒入烧杯，加入锌粉 2g 搅拌 10min，静置 5min 后过滤，滤液倒入赫尔槽内，取新的阴极试片①，在室温下，用 1A 电流电镀 10min，取出试片，用水清洗，热风吹干，将结果填入记录表中，进行对比。

五、注意事项

(1)电沉积实验前必须仔细检查电路是否接触良好或短路,以免影响实验结果或烧坏电源。

(2)阴极片的前处理将影响镀层质量,因此要认真,除油和除锈要彻底。

(3)加入添加剂时要按计算量加入,不能多加。

(4)新配镀液要预电解。

(5)电镀时要带电入槽,电镀过程中若镀液挥发,应及时用去离子水补充并调整 pH 值。

六、数据记录与处理

(1)根据记录,绘出不同实验的赫尔槽试片比较图。

(2)据实验步骤(3)的记录,绘出 $i_K - \lg l$ 关系曲线。

七、思考题

(1)各添加剂,如 DE 光亮剂、香草醛等,在电镀溶液中有何作用?

(2)镀液③最佳的工作电流范围是多少?

(3)铅、铜等金属离子对镀层质量有何影响,如何消除?

(4)电沉积过程主要包括哪些步骤?

(5)从赫尔槽实验结果可以获得哪些有关电沉积效果的信息?

实验十　双层电镀

一、实验目的

(1)熟悉电镀小试的装置和仪器设备。

(2)掌握铜镍双层电镀原理及操作工艺。

二、实验原理

镍具有很高的化学稳定性,在常温下能够抵抗水、大气和碱的侵蚀,而且镍的电位较铁正,所以铁基金属上的镀镍层属于阴极性镀层,它能够保护铁基不受到介质的侵蚀;另外镀镍过程中加入某些光亮剂后,能直接得到镜面光亮的镀层。由于这些特点,使得镍镀层成为目前世界应用最广泛、最重要的镀层之一,但由于镍镀层具有孔隙,特别是镍镀层较薄时孔隙更多,现在常用多层电镀镍/铜/镍,以减少镀镍层的孔隙,提高镍层的抗蚀性。本实验为铜镍双层电镀。

铜镍双层电镀的整个工艺流程如下:打磨→抛光→除油→热水洗→除锈→弱浸蚀→镀铜→去离子水洗→镀镍→去离子水洗。

镀铜之前的工序均属于镀前表面处理,它直接关系到镀层的好坏。电镀之前的钢板常常厚薄不同,为了获得光滑、平坦的表面,一定要先打磨基体。经第一道工序处理的钢板表面有一层油膜,电镀时这层油膜使金属与镀液相隔离,影响金属离子的沉积过程,因此要进行除油处理。除油常用化学碱液或有机溶液,热水洗和清水洗是将残留在基体表面的除油液洗掉。金属氧化物同样会影响电镀,所以金属表面的氧化膜必须除掉,常用酸洗法除锈。弱浸蚀是镀前最后一道工序,它与前面的酸洗不同,是一个表面活化的过程。弱浸蚀一方面可去除钢板在保存运送时所形成的氧化物薄层;另一方面又能使金属表面受到轻微的刻蚀而呈现出金属间的结晶组织,这样就可以保证镀层与基体间的良好结合。弱浸蚀的浓度比较低,且浸蚀时间短,一般数秒到 1min。

镀铜有焦磷酸盐镀铜、氰化物镀铜和硫酸镀铜之分。硫酸镀铜具有成分简单、成本较低、易于控制等特点。近年来在镀铜溶液中加入某些添加剂后也能够直接得到光亮镀层。硫酸镀铜这一工艺很早以前就开始使用,而且目前正在不断地发展和完善。

因为在镀铜溶液中含有某表面活性剂,在镀铜过程中会吸附在金属表面上,影响到镀镍过程,因此在镀镍之前常用热碱水清洗。

镀镍按电解液成分大体上可以分为硫酸盐低氯化物型、硫酸盐高氯化物型、氯化物型、柠檬酸盐型等。目前,应用最广泛的是硫酸盐低氯化物型。

三、仪器、用具和材料

仪器:恒流稳压电源 1 台;毫安表 1 台;游标卡尺 1 把;电镀测厚仪 1 台;超声波清洗机 1 台。

用具：铜阳极（尺寸：长 70mm、宽 60mm、厚 0.5～2mm）2 块；镍阳极（尺寸：长 70mm、宽 60mm、厚 0.5～2mm）2 块；铁试片（尺寸：长 70mm、宽 60mm、厚 0.2～1mm）2 块；塑料方形容器（内腔尺寸：长 65mm、宽 65mm、高 65mm）2 个；烧杯（1 000mL）5 个；砂纸。

材料：H_2SO_4、H_3PO_4、NaOH、$NaCO_3$、Na_3PO_4、Na_2SiO_3、CrO_3。

①除油液：50g/L NaOH＋50g/L Na_2CO_3＋3g/L OP－10；

②酸洗溶液：HCl（5%）；

③镀铜溶液：200g/L $CuSO_4$＋60g/L H_2SO_4（1.84g/cm^3）＋0.1g/L 十二烷基硫酸钠（$C_{12}H_{25}OSO_3Na$）；

④镀镍溶液：300g/L $NiSO_4 \cdot 7H_2O$＋50g/L $NiCl_2 \cdot 6H_2O$＋40g/L H_3BO_3＋0.1g/L $C_{12}H_{25}OSO_3Na$＋2～4mL/L 镀镍光亮剂＋1～3g/L 糖精，pH 为 3.5～4.5。

四、实验步骤

（1）依次用 100#、180#、400# 砂纸打磨试片，测量试片表面积。

（2）电极预处理。除锈，除油，再放入 HCl 溶液中浸泡约 5min，拿出后用清水反复冲洗，观察表面，若不附着水珠，说明已清洁。

（3）接好装置，稳压电源正极依次接电流表正极、辅助对电极，电源负极接镀件电极。

（4）镀铜：将一试片放入镀铜溶液中进行电镀，控制镀液温度为 20～30℃，电流密度为 1.5A/dm^2，电镀时间 15min，取出后用去离子水反复冲洗，干燥后供测厚使用。

（5）镀镍：取已镀好铜的试片（电镀铜工艺同前）供镀镍用。镀镍电流密度为 2A/dm^2，时间 30min，镀液温度为 45～50℃。

五、注意事项

（1）电沉积实验前必须仔细检查电路是否接触良好或短路，以免影响实验结果或烧坏电源。

（2）阴极片的前处理将影响镀层质量，因此要认真，除油和除锈要彻底。

（3）电镀时要带电入槽，特别是镀铜时。

六、数据记录与处理

（1）根据所测电镀厚度、铜比重以及试片面积，计算出镀铜层的重量，然后与总电流比较，计算总电流效率。

（2）了解整个双层电镀的工艺流程。

实验十一　非金属材料电镀

一、实验目的

(1)了解非金属电镀前处理的特殊性。
(2)了解稳定剂的作用及化学镀液的维护。
(3)掌握化学镀铜的溶液配制及实际操作。
(4)锻炼在复杂工序中工作时的计划性及分析解决问题的能力。

二、实验原理

非金属表面金属化后,可以获得导电、导磁、耐磨、抗老化、耐热、可焊接等性能和不同色泽的金属外观,从而使非金属材料的装饰性和功能性增强,使用范围拓宽。非金属材料电镀目前已广泛应用,例如当今汽车工业发展对减少车身重量的要求使金属材料的使用受到限制,而聚合材料较之金属价格更便宜、质量更轻、更易于成型。虽然聚酰胺(尼龙)、聚丙烯(PP)等种类的塑料都是可镀的,但 ABS(丙烯腈-丁二烯-苯乙烯)、聚碳酸酯 ABS 的混合体作为电镀基材则更为常见。世界上第一种聚合材料的出现不过百年历史,塑料工业的发展方兴未艾,其未来将有更广阔的前景。从 19 世纪 50 年代末开始,将金属牢固地附着在聚合材料表面的技术迅速地发展起来。

采用金属的无电流沉积(即化学沉积)的方法使塑料表面导电以实现后续电镀,这一过程中的化学沉积并非真正“无电”,只不过是利用“内电流”。目前,在塑料上化学沉积金属已经取得工业应用的体系有两种:一种是以甲醛为还原剂的化学镀铜;另一种是以硼氰化钾或次磷酸盐为还原剂的化学镀镍。加入不同类型的稳定剂可以避免化学镀液的快速分解或者分解不受控制。印制电路板电镀适宜采用化学镀铜,而装饰性塑料电镀,尤其是质量要求较高的塑料件,则适宜采用操作更简易的化学镀镍作为电镀前的预镀。化学镀层薄而且仅仅能满足后续电镀所需的导电性,化学镀铜后的制件一般都再电镀铜加厚镀层,除强碱性氰化物镀铜工艺不适用外,其他像酸性镀铜和焦磷酸盐镀铜等工艺均可采用。

在非金属材料上电镀金属必须首先使其导电,因此,在前处理上有着较为特殊的要求。目前已可以在各种非金属材料上进行电镀,但应用较广的是 ABS。塑料制品的表面处理主要包括涂层被覆处理和镀层被覆处理。一般塑料的结晶度较大,极性较小或无极性,表面能低,这会影响涂层被覆的附着力。由于塑料是一种不导电的绝缘体,因此不能按一般电镀工艺规范直接在塑料表面进行镀层被覆,所以在表面处理之前,应进行必要的前处理,以提高涂层被覆的结合力和为镀层被覆提供具有良好结合力的导电底层。

1. 涂层被覆的前处理

前处理包括塑料表面的除油处理,即清洗表面的油污和脱模剂,以及塑料表面的活化处理,目的是提高涂层被覆的附着力。

(1)塑料制品的除油。与金属制品表面除油类似，塑料制品除油可用有机溶剂清洗或用含表面活性剂的碱性水溶液。有机溶剂除油适用于从塑料表面清洗石蜡、蜂蜡、脂肪和其他有机性污垢，所用的有机溶剂应对塑料不溶解、不溶胀、不龟裂，其本身沸点低、易挥发、无毒且不燃。碱性水溶液适用于耐碱塑料的除油。该溶液中含有苛性钠、碱性盐以及各种表面活性物质。最常用的表面活性物质为 OP 系列，即烷基苯酚聚氧乙烯醚，它不会形成泡沫，也不会残留在塑料表面上。

(2)塑料制品表面的活化。这种活化是为了提高塑料的表面能，也即在塑料表面生成一些极性基或加以粗化，以使涂料更易润湿和吸附于制件表面。表面活化处理的方法很多，如化学品氧化法、火焰氧化法、溶剂蒸气浸蚀法和电晕放电氧化法等。其中使用最广泛的是化学氧化处理法，此法常用的是铬酸处理液，其典型配方为 4.5% $K_2Cr_2O_7$ + 8.0% H_2O + 87.5% H_2SO_4。有的塑料制品，如聚苯乙烯及 ABS 塑料等，未进行化学品氧化处理时也可直接进行涂层被覆。为了获得高质量的涂层被覆，也有用化学品氧化处理的，如 ABS 塑料在脱脂后，可采用较稀的铬酸处理液浸蚀，其典型的处理配方为 420g/L $H_2Cr_2O_4$ + 200mL/L H_2SO_4；处理工艺为 65～70℃，5～10min，水洗净，干燥。用铬酸处理液浸蚀的优点是无论塑料制品的形状多复杂，都能处理均匀，其缺点是操作有危险，并有污染问题。

2. 镀层被覆的前处理

镀层被覆前处理的目的是提高镀层与塑料表面的附着力和使塑料表面形成导电的金属底层。前处理的工序主要包括机械粗化、化学除油、化学粗化、敏化处理、活化处理、还原处理和化学镀。其中前 3 项是为了提高镀层的附着力，后 4 项是为了形成导电的金属底层。

(1)机械粗化和化学粗化。机械粗化和化学粗化处理是分别用机械的方法和化学的方法使塑料表面变粗，以增加镀层与基体的接触面积。一般认为，机械粗化所能达到的结合力仅为化学粗化的 10%左右。

(2)化学除油。塑料表面镀层被覆前处理除油的方法与涂层被覆前处理除油方法相同。

(3)敏化处理。敏化是使具有一定吸附能力的塑料表面上吸附一些易氧化的物质，如 $SnCl_2$、$TiCl_3$ 等。这些被吸附的易氧化物质在活化处理时被氧化，而活化剂被还原成催化晶核，留在制品表面上。敏化的作用是为后续的化学镀覆金属层打基础。

(4)活化处理。活化是借助于用催化活性金属化合物的溶液，对经过敏化的表面进行处理。其实质是将吸附有还原剂的制品浸入含有贵金属盐的氧化剂的水溶液中，于是贵金属离子作为氧化剂就被 Sn^{2+} 还原，还原了的贵金属呈胶体状微粒沉积在制品表面上，它具有较强的催化活性。当将此种表面浸入化学镀溶液中时，这些微粒就成为催化中心，催化中心粒子即起催化成核作用，因而构成了化学镀的条件，使化学镀覆的反应速度加快。

(5)还原处理。经活化处理和用清水洗净后的制品在进行化学镀之前，用化学镀时用的还原剂溶液浸渍制品，将制品表面未洗净的活化剂还原除净，这称为还原处理。化学镀铜时，用甲醛溶液还原处理，化学镀镍时用次磷酸钠溶液还原处理。

(6)化学镀。化学镀的目的是在塑料制品表面生成一层导电的金属膜，给塑料制品电镀金属层创造条件，因此化学镀是塑料电镀的关键性步骤。

镀层被覆前处理的工艺流程如下：

机械粗化→化学除油→水洗→化学粗化→水洗→敏化处理→水洗→活化处理→流水洗→还原处理→化学镀铜→去离子水洗→镀铜。

三、仪器、用具与材料

仪器：稳压电源1台。

用具：铜电极（或0.3%含磷铜板，尺寸：长40mm、宽30mm、厚2mm）2块；ABS塑料板（尺寸：长40mm、宽30mm、厚2mm）10块；塑料方形容器（内腔尺寸：长约65mm、宽约65mm、高约65mm）4个；200mL烧杯5只；500mL烧杯2只；1 000mL烧杯2只；100mL量筒1只；塑料夹（长150～200mm）4只；500W电炉1只。

材料：Na_2CO_3；Na_3PO_4；NaOH；洗净剂；H_2SO_4；CrO_3；$SnCl_2$；HCl；锡条1根；$PdCl_2$；HCl；HCHO（甲醛）；$C_4O_6H_2KNa$（酒石酸钾钠）；NaOH；Na_2CO_3；$CuSO_4$；$NiCl_2$；$CuSO_4$；H_2SO_4；$CuCl_2$；KG－5光亮剂。

四、实验步骤

1. 除油

化学除油液配方：20～30g/L Na_2CO_3＋40～50g/L Na_3PO_4＋50～80g/L NaOH＋40～50g/L洗净剂，溶液温度为40～50℃，处理时间为20～30min。

注意：化学除油污时应注意油污状况，如果油污过多，可先擦洗，经过除油工艺后的工件绝对不可手摸或乱放置在桌台上。

2. 粗化

化学粗化液配方：350g/L H_2SO_4＋180～400g/L CrO_3，温度为55～60℃，时间为30min。

注意：粗化时应不断抖动，观察工件表面情况，一般为色泽略有变化，表面均匀亲水，但不可粗化过度。

3. 敏化

敏化液配方：10～14g/L $SnCl_2$＋40mL/L HCl＋1根锡条，温度为室温，时间为3～5min。

注意：敏化后水洗形成胶膜，因此水洗流不宜过大，敏化液配制顺序应为$SnCl_2$＋HCl＋水，以无混浊为正常，一旦变混即表明$SnCl_2$已水解失效。

4. 活化

活化液配方：0.5g/L $PdCl_2$＋10mL/L HCl，pH为1.5～2.5，温度为15～25℃，时间为0.5～5min。

注意：活化温度应不低于15℃，工件应多次翻动，活化后工件表面颜色变为浅棕黑色，如颜色不均匀，可重复敏化－活化步骤。

5. 还原

还原液配方：HCHO(36%～38%)1份＋H_2O 9份，温度为室温，时间为5～30s。

6. 配制化学镀液和化学镀铜

化学镀铜液配方为甲液：乙液＝3：1混合使用。

甲液：40g/L $C_4O_6H_2KNa$＋9g/L NaOH＋42g/L Na_2CO_3。

乙液：14g/L $CuSO_4$＋4g/L $NiCl_2$＋53mL/L 37%。

注意：化学镀液的配制一定要弄清楚先后顺序再动手，切不可急于操作。

7. 配制电镀加厚镀液和加厚镀铜

酸性光亮镀铜液配方：170～200g/L $CuSO_4$ ＋50～70g/L H_2SO_4 ＋0.02～0.06g/L Cl^- ＋5mL/L KG－5 光亮剂，温度为 10～40℃，电流密度为 4 A/dm^2，阳极用铜板或 0.3％含磷铜板。

注意：化学镀铜层不应被玷污，否则要用弱碱液除油。其次是镀铜前应用 5％弱硫酸浸蚀以活化表面，不论用何种镀液均应带电下槽，以免将薄铜层蚀坏。电流密度由小到大逐步升高，先以较小的电流密度（约 0.3A/dm^2）开始电镀，以减小“烧掉”薄铜层的危险性，待电镀 5～8min 后，再将电流密度增至规定的范围，否则会因内应力而造成起皮。

五、数据记录与处理

(1)记录实验过程现象。

(2)描述镀件外观。

六、思考题

镀前为什么要敏化？

实验十二　合金电镀

一、实验目的

(1)掌握合金电镀的原理以及实验工艺。

(2)了解锡合金对镀层成分的影响。

二、实验原理

电沉积制取的合金镀层,主要是一些二元或三元合金。合金电镀层具有一些特殊的物理、机械和化学性能。以电镀法制备合金与热熔法相比,具有一些优点。首先,电镀法的温度比热熔法低,所以工艺、操作和设备都比较简单,而且电镀法能使熔点悬殊较大的两种金属很容易形成合金(如锡镍合金)。其次,通过电沉积比较容易获得组成差别较大、性能优异的非晶态合金,如镍磷、镍钨磷等。此外,特别值得一提的是,电沉积合金的金相组织往往与同一组分的热熔合金不同,有时差异还相当突出。在不同工艺条件下电沉积出的同一组分合金,其金相组织也有可能不同。

在一定条件下,镀液中几种金属离子在阴极上共同析出,才能形成含有相应组分的合金镀层。溶液中每种金属离子的放电电位可表示为

$$\varphi = \varphi_{平} + \Delta\varphi = \varphi^{0} + \frac{RT}{zF}\ln\alpha_{\pm} + \Delta\varphi \tag{12-1}$$

欲使两种或几种金属离子在阴极上共同析出,必要的条件是它们的放电电位必须相等,即

$$\varphi_1^{0} + \frac{RT}{z_1F}\ln\alpha_1 + \Delta\varphi_1 = \varphi_2^{0} + \frac{RT}{z_2F}\ln\alpha_2 + \Delta\varphi_2 = \cdots\cdots \tag{12-2}$$

式中,足码 1、2……分别表示第 1 种金属、第 2 种金属……

根据式(12-2),为了使两种或多种金属的放电电位相等,以实现合金电沉积,有如下方法:采用络合物溶液;改变选用的添加剂;控制一定的电流密度;利用共沉积时电位较负组分的去极化作用。

本实验电镀铜锡合金工艺流程如下:

铁丝件→稀盐酸除锌→清洗→浸碱液→流水洗→电镀→清洗→镀件成品

三、仪器、用具和材料

仪器:恒流稳压电源 1 台。

用具:铁电极(尺寸:长 40mm、宽 30mm、厚 2mm)4 块;辅助电极(尺寸:长 40mm、宽 30mm、厚 2mm)4 块;烧杯(500mL,用作电解池)4 个;精密 pH 试纸(pH7～9)。

材料:$K_4P_2O_7$;$Cu_2P_2O_7$;$Sn_2P_2O_7$;$N(CH_2COOH)_3$;Na_2HPO_4;NaOH。

镀液配方:350g/L $K_4P_2O_7$ +37～42g/L $Cu_2P_2O_7$ +2.5～4.5g/L $Sn_2P_2O_7$ +30～40g/L

$N(CH_2COOH)_3$ + 40g/L Na_2HPO_4，pH 为 8.5～8.8(用 KOH 调)。

四、实验步骤

1. 镀液配制

(1)将计量的 $K_4P_2O_7$ 和一半量的 Na_2HPO_4 溶解到 50℃的热水中，水量为规定体积的一半左右，使之溶解。

(2)将 $Cu_2P_2O_7$ 加入烧杯中，搅拌使之溶解络合。

(3)将 $N(CH_2COOH)_3$ 在另一烧杯中用水调成糊状，然后加入溶解好的 NaOH 溶液($N(CH_2COOH)_3$与 NaOH 量之比约等于 2∶1)，边加边搅拌，此反应为放热反应，注意冷却溶液，再用 NaOH 溶液调节 pH 值为 8～9 后加入镀液中。

(4)将剩余一半 Na_2HPO_4 也加入上述镀液中，补充至规定体积即可电解镀铜。

(5)在镀铜的基础上逐步分次加入 $Sn_2P_2O_7$，观察每次镀层色泽的变化，直至镀层外观呈金黄色为止。

2. 电镀时的控制

接好装置，稳压电源正极依次接电流表正极、辅助电极，电源负极接镀件电极。温度为 20～35℃，电流密度为 0.5～0.8A/cm^2。

五、注意事项

1. $Cu_2P_2O_7$ 的制备

$$K_2P_2O_7 \cdot 3H_2O + 2CuSO_4 \cdot 5H_2O \longrightarrow Cu_2P_2O_7\downarrow + 2K_2SO_4 + 8H_2O$$

先将计量的 $CuSO_4$(分子量：250)溶解于热水中，在另一容器中以冷水溶解所需量的 $K_2P_2O_7$(分子量：384.4)，边搅拌边将 $K_2P_2O_7$ 溶液逐渐加入 $CuSO_4$ 中，即产生 $Cu_2P_2O_7$(分子量：301)沉淀。过滤沉淀，并用含有少量 H_3PO_4(pH 约为 5)的水洗涤沉淀多次，洗去 SO_4^{2-} 即可使用。

2. $Sn_2P_2O_7$ 的制备

$$2SnCl_2 \cdot 2H_2O + K_4P_2O_7 \cdot 3H_2O \longrightarrow Sn_2P_2O_7\downarrow + 4KCl + 7H_2O$$

制备时用冷水溶解 $K_2P_2O_7$(分子量：384.4)，用加入有少量 HCl 的水溶解 $SnCl_2$(分子量：225.6)，边搅拌边将 $K_4P_2O_7$ 溶液逐渐加入 SnC_{12}溶液，制备 $K_2P_2O_7$(分子量：411)沉淀过滤沉淀，用水洗去沉淀物的 Cl^-。

六、思考题

(1)铜锡为什么能够同时电沉积？

(2)如何调整合金电镀镀层的成分？

实验十三 电合成苯甲酸镍

一、实验目的

(1)学习牺牲阳极电化学法合成有机羧酸盐的基本原理。

(2)掌握有机电化学合成的实验装置及步骤。

二、实验原理

电合成是采用电化学方法合成无机物和有机物,分别称为无机电合成和有机电合成。无机电合成的应用最具代表性的是氯碱工业。有机电合成分为直接有机电合成(有机合成反应直接在电极表面上完成)和间接有机电合成(有机合成反应所需氧化剂或还原剂是通过电化学方法获得并可再生循环使用,如乙醛酸成对电解合成中的氯气便可再生与循环使用)。

有机物电合成是研究用电化学方法合成有机化合物的科学,它是一门涉及电化学、有机合成、化学工程等领域的边缘科学。在注重环境保护的今天,电解合成法对有机物特别是高附加值精细化学品的生产,具有广泛的应用价值,其地位愈显重要,得到迅速发展。

从 1834 年英国化学家法拉第(Faraday)在实验室进行了首次有机电合成——电解乙酸钠溶液制取乙烷,到 1849 年柯尔贝(Kolbe)用铂电极电解一系列脂肪酸盐溶液制取较长链的烃(即柯尔贝反应),有机物的电合成有了初步的发展。在此后的一百多年里,化学家们对那些用普通化学方法难以合成的有机产品借助于电化学反应来制备。20 世纪 30 年代,有机电合成反应在化学工业得到了应用,如硝基苯电还原制苯胺、葡萄糖电还原制山梨醇与甘露醇等。到了 20 世纪 60 年代,以电合成己二腈与电合成四乙基铅的工业化为标志的现代有机电合成工业开始了蓬勃的发展。近 40 多年来,有机电合成备受重视,尤其是在美、英、日、德等工业发达国家。

1. 有机电合成的优点

有机电合成之所以越来越受到重视,是因为它和普通有机化学合成法相比具有很多独特的优点。

(1)有机电化学反应可以免于使用有毒或危险的氧化剂和还原剂,电子就是清洁的反应剂,反应体系中,除原料和产物外,通常不含其他反应试剂,因此,产物易分离,产品纯度高,环境污染小,符合“绿色化学”的标准。

(2)反应一般在常温常压下进行,无需特殊设备,与普通化学法相比,可缩短工艺流程,减少设备投资。

(3)在电化学反应体系中,电子转移和化学反应同时进行,通过对电解条件(如电压、电流、电解液组成等)的调节,可以较容易、较准确地实现对生产的控制。

(4)反应装置具有通用性,同一电解槽可以用于多种电合成反应,改变电极材料或反应溶液便能合成某种新的有机产品。

(5)有些用普通化学反应难以制得的产品(如难以氧化或还原的)只有通过电化学方法合成。当然,有机电合成法也有其局限性,如电解需要消耗大量的电能,工业生产中的电解槽结构相当复杂等。因此,有机电合成往往适宜生产价格较高、需求量大的精细化工产品。

2. 有机电合成的基本方法

(1)有机物的阳极氧化涵盖脂肪烃、烯烃的阳极液氧化;醇、醚、羰基化合物的阳极氧化;有机物电化学卤化和含氧、硫化合物阳极氧化以及芳香化合物的阳极官能化等过程。当有机物难以直接氧化或直接电氧化效率低时,可采用间接电氧化。此法综合了电解和相转移技术的优点,效率高、选择性好、产物易分离,典型的例子有对硝基苯甲酸的制备。对硝基苯甲酸是制备药物和染料的重要中间体,但却由于在电合成过程中所用的反应物均难溶且易被电极吸附,所以导致产率和电流效率的低下,若采用 Cr^{6+} 与 Cr^{3+} 电对间接电氧化对硝基甲苯,则可实现工业化生产。

(2)有机物的阴极还原包括 C=C 双键化合物、有机卤代物、羰基化合物和含氨化合物的阴极还原等过程。以乙醛酸(CHOCOOH)为例,乙醛酸是最简单的醛酸,它兼具醛和酸两类化合物的性质,是目前急需开发的精细化工产品的中间体。乙醛酸的电合成可通过草酸在阴极上电还原得到。

3. 典型的电合成过程

(1)电解液中的反应物(R)通过扩散到达电极表面(物理过程);

(2)R 在双电层或电荷转移层通过脱溶剂、解离等化学反应而变成中间体(I)(化学过程),无溶剂、无缔合现象的不经过此过程;

(3)I 在电极上吸附形成吸附中间体(Iad1)(吸附活化过程);

(4)Iad1 在电极上放电发生电子转移而形成新的吸附中间体(Iad2)(电子得失的电化学过程);

(5)Iad2 在电极表面发生反应而变成生成物(Pad)吸附在电极表面;

(6)Pad 脱附后再通过物理扩散成为生成物(P)。

本实验由苯甲酸电解合成苯甲酸镍。采用金属镍片作阳极,铂片电极或不锈钢片作阴极,其中溶剂为无水乙腈或丙酮,支持电解质为四乙基高氯酸铵等。

电池反应如下:

阴极反应:$PhCOOH + e^- \longrightarrow PhCOO^- + \frac{1}{2}H_2$

阳极反应:$2PhCOO^- + Ni \longrightarrow Ni(PhCOO)_2 + 2e^-$

总反应:$PhCOOH + Ni \longrightarrow Ni(PhCOO)_2 + \frac{1}{2}H_2$

三、仪器、用具和材料

仪器:稳压电源 1 台;滑线电阻器 1 台;电流表 1 个;电子秤(精度为 0.1mg)1 台。

用具:铂片电极或不锈钢片电极(长 16mm、宽 11mm、厚 1mm,阴极);镍片电极(长 50mm、宽 45mm、厚 1mm,阳极);方形塑料盒(电解池,长 50mm、宽 50mm、高 50mm)。

材料:CH_3CN(乙腈);C_6H_5COOH(苯甲酸);$C_8H_{20}NClO_4$(四乙基高氯酸铵);HCl、HNO_3;CH_3COCH_3(无水丙酮)。

电解液：CH_3CH300mL；$C_8H_{20}NClO_4$ 240mg；C_6H_5COOH 4g。

四、实验步骤

1. 电极预处理

镍片电极用稀硝酸处理后，水洗，放置干燥后称重备用；铂片电极用 CH_3COCH_3 除油、稀 HNO_3 清洗、蒸馏水洗，干燥后备用。

2. $C_{14}H_{10}O_4Ni$ 的电合成

连接电路时，稳压电源正极依次接滑线变阻器、电流表正极及镍片电极，电源负极接不锈钢片电极。电解池中装入深约 30mm 的电解液。

打开稳压电源，调节电源电压或滑线电阻，控制电流为 200mA，电解 2h，每 10min 记录一次实验现象、电压值、电流值。

3. $C_{14}H_{10}O_4Ni$ 的分离

合成后取出镍片电极，使其干燥并称其质量，计算电流密度。溶液过滤，用 CH_3COCH_3 洗涤至滤液无色，110℃干燥后称产物质量，计算产率。

五、数据记录与处理

槽压(V)	电流(mA)	时间(min)	产物质量(g)	电流效率(%)

实验十四　电合成聚苯胺

一、实验目的

(1)了解有机电合成的特点和基本反应装置。

(2)了解无隔膜电合成的使用范围。

(3)了解聚苯胺的电化学合成原理及聚苯胺的性质。

(4)了解电有机合成的一些影响因素。

二、实验原理

有机电合成在绿色合成技术的开发中占有非常重要的地位。理论上讲,凡与氧化还原有关的有机合成均可通过电合成技术来实现。有机电合成方法较之其他的有机合成方法具有一些独特的优点。在这种合成反应中,不需要任何氧化剂或还原剂,所有的氧化还原反应都通过电子来实现,三废少,减少了环境污染,并免去了试剂的长程运输及由此带来的潜在危险。有机电合成具有较高的产物选择性,采用不同的电解条件由同一底物可以高产率地得到不同的化工产品,适用于具有多种异构体或多官能团化合物的定向选择合成,并且,在一定条件下可以同时在阴极室和阳极室得到不同用途的产品(成对电解合成)。有机电合成条件温和,一般在常温常压下进行,特别适用于热力学上不稳定化合物的合成,并且操作控制容易,反应的开始、终结,反应速度的调节均可通过外部操作来控制且易于实现控制自动化。另外,有机电合成放大效应小也是一个突出优点。但是,有机电合成也有一些缺点和限制。如电耗较大,单槽产量较低,设备材质要求高,电化学反应器通用性差等。总之,有机电合成通常适用于小品种、小批量、附加值高、耗电较少的有机化工产品,特别是精细有机化学品的制备。

聚苯胺(Polyaniline)是有许多潜在工业应用价值的有机导电材料之一,关于它的制备、性质与应用已有不少评述。据悉,聚苯胺电池已经面市。聚苯胺的制造有许多途径,如:化学氧化法、酶法等,但报道最多、具有实际意义的是电解氧化合成法。在不同的电解条件下,可以制备纳米级聚苯胺、聚苯胺晶体或聚苯胺薄膜等。聚苯胺膜具有梦幻般的电色性质(Electrochromic Properties),在不同的电压下电解,可观察到不同颜色的聚苯胺膜。

本实验通过简单的电化学装置方便地制备聚苯胺膜并观察外加电压对电氧化反应及聚苯胺性质的影响。

苯胺在直流电场作用下氨基氧化生成游离基,继而发生头-尾耦合生成对苯胺基苯胺。对苯胺基苯胺的伯胺基再氧化生成新的游离基,头-尾耦合再次发生;此过程反复进行,得到苯胺聚合物。只有当头-头耦合生成耦氮化合物时,聚合反应才可终止。

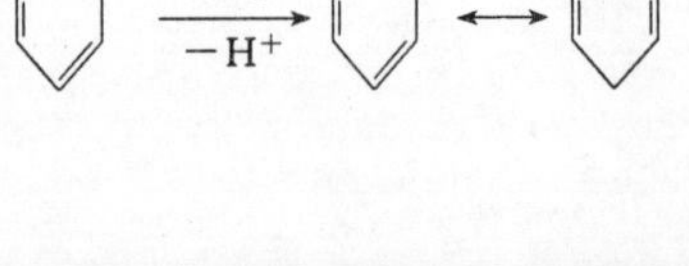

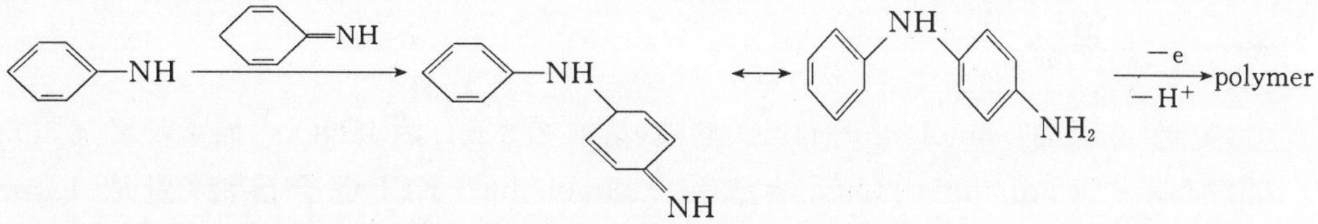

在电解过程中，由于氧化程度不同，可以生成 4 种形式的聚苯胺。每一种形式对应于一种颜色，在紫外和可见光范围内，它们有自己的特征吸收谱带（表 14－1）。

表 14－1　不同形式聚苯胺的结构与性质

结　构	颜色	UV(λ_{max},nm)	备注
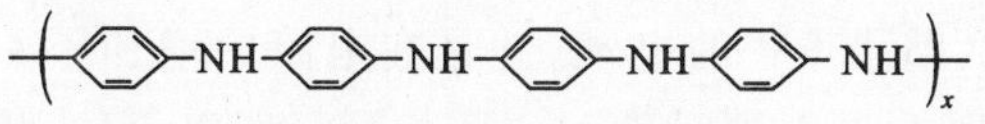	无色	310	全还原，绝缘
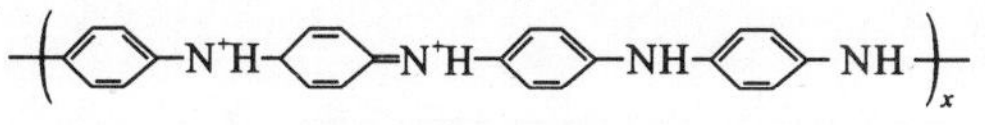	绿色	320,420,800	部分氧化，质子导体
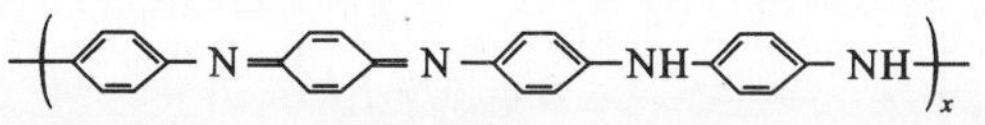	蓝色	320,600	部分氧化，绝缘
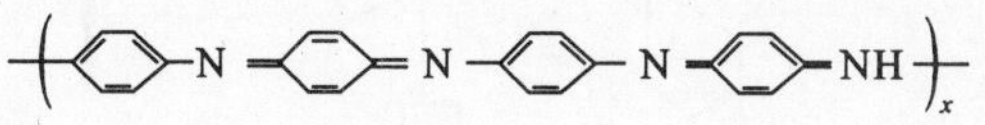	紫色	320,530	全氧化，绝缘

聚苯胺的存在形式取决于聚苯胺中含有的苯系物（Benzoid）和醌二亚胺（Quinondiimine）单位的比例，这种比例可以通过氧化还原过程来控制，并且质子化的程度可以通过改变电解液的 pH 值进行调节。这样，接线图中的可变电阻器对于本实验就是不可或缺的器件，它不仅能把聚合电压控制在＋0.6～＋0.7V(vs. SCE)得到高质量的绿色聚苯胺镀层，而且可以把聚合电压控制在 1.2～0.15V 范围内的任何值，从而观察到不同形式的聚苯胺。实验表明：镀层的厚度对颜色观察有影响。一般说来，通电 5～10min 开始在电极上出现翡翠绿色；通电 20～30min 得到的膜的厚度较适于颜色观察。电解时间延长，镀层厚度增加，颜色变化难以观察得清楚。

在不同的电压下电解，可以得到不同氧化形式的聚苯胺。在 0.3～0.4V 时得到翡翠绿的部分氧化形式（质子导体），在 0.7V 时得到翡翠基蓝的部分氧化形式（绝缘），在 0.8V 时得到紫色的全氧化形式（绝缘），而在低于 0.2V（如降到 0.17V）时得到无色的全还原形式（绝缘）。

三、仪器、用具和材料

仪器：稳压电源 1 台；滑线电阻器（0～1×10^5Ω）1 台；电流表 1 个；电子秤（精度为 0.1mg）1 台。

用具：导电玻璃（长 50mm、宽 45mm、厚 1mm，阳极）4 块；铜线电极（阴极）4 根；1.5V 电池 4 节；烧杯（500mL）2 只。

材料：$C_6H_5NH_2$（苯胺）；HNO_3；KCl。

四、实验步骤

(1)配制 50mL 的 3mol/dm³ HNO_3溶液(量取 6.8 mL 浓 HNO_3 ,而后稀释至 50mL)。

(2)配制 0.1mol/dm³ HNO_3 溶液和 0.5mol/dm³ KCl 混合溶液(量取 1.5mL 的 3mol/dm³ HNO_3,加入 1.7g KCl,稀释至 45mL,混合均匀)。

(3)烧杯中加入 40mL 的 3mol/dm³ HNO_3溶液和 3mL $C_6H_5NH_2$,混合均匀。

(4)按图 14-1 连接电路。图 14-1(a)为单电池电解装置,图 14-1(b)为双电池电解装置。在图 14-1(a)中(使用 1 节 1.5V 的电池),因为电路的电压和电阻都是固定的,生成的聚苯胺的颜色改变发生在秒数量级,所以,当电路闭合(电池正极与工作电极相连)发生电解时,只能观察到全氧化的紫色聚苯胺(与此相反,如果使电池负极与工作电极相连,则只能观察到全还原的无色聚苯胺)。在图 14-1(b)中,使用 2 节 1.5V 的电池,并且在电路中增加了一个可变电阻器。然而,当可变电阻器的滑动装置设置在最右端时就和左图相同。所以,可直接按右图线路进行电解。

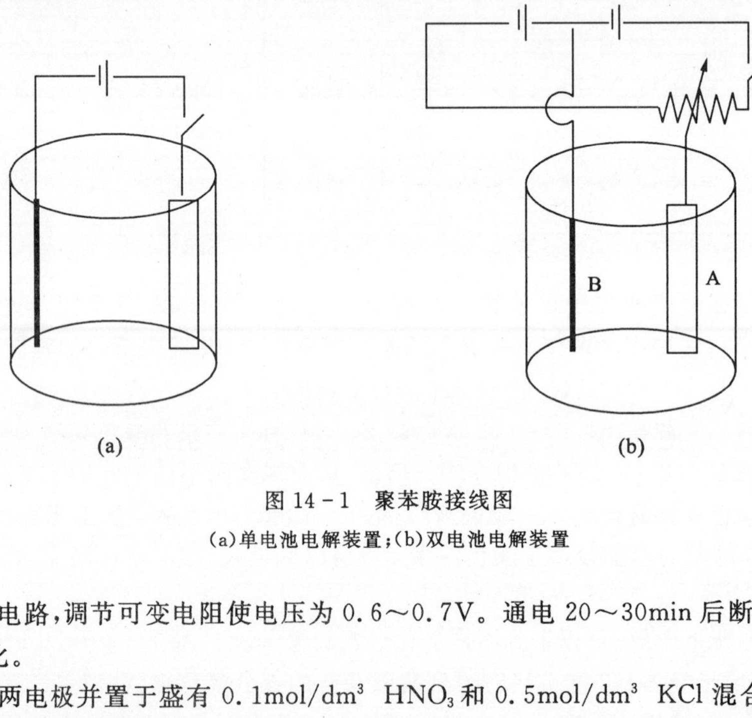

图 14-1　聚苯胺接线图

(a)单电池电解装置;(b)双电池电解装置

(5)闭合电路,调节可变电阻使电压为 0.6～0.7V。通电 20～30min 后断电,观察工作电极表面的变化。

(6)移出两电极并置于盛有 0.1mol/dm³ HNO_3和 0.5mol/dm³ KCl 混合溶液的另一烧杯中,闭合电路,分别观察在 1.15V、0.8～0.7V、0.4～0.3V、0.20～0.15V 不同电压下电解时工作电极表面的变化。

五、注意事项

(1)本实验中的 HNO_3 可以用其他酸代替。由 $C_6H_5NH_2$ 电氧化制取聚苯胺常在酸性介质中进行,这是因为,在酸性条件下,苯胺分子不仅是制备聚合物的原料,而且由 $C_6H_5NH_2$ 生成的盐使电解液中支持电解质的浓度大大增加,有利于电流传导;另一方面,酸性条件下聚苯胺具有导电性,电子能通过聚苯胺传导至阳极,从而使链增长反应能继续进行。

(2)实验证明用于电合成的 $C_6H_5NH_2$ 并非纯度愈高愈好,高纯度的 $C_6H_5NH_2$ 反而难引发耦合反应。含有少量齐聚物的淡黄色 $C_6H_5NH_2$ 却较易引发聚合反应。若试剂 $C_6H_5NH_2$ 变成黑色，应减压蒸馏纯化后再用。

六、思考题

(1)比较有机电合成和无机电合成的异同点。

(2)电解合成常在有隔膜的电解池中进行，本实验为什么不用隔膜？

(3)在本实验中，选用酸性溶液作为反应介质，可否换用碱性溶液作为反应介质？为什么？

实验十五　锌二氧化锰电池装配及电性能测试

一、实验目的

(1)了解锌二氧化锰电池的制作工艺流程。

(2)了解影响锌二氧化锰电池性能的各种因素。

(3)掌握电池的各组成部分以及各自的作用。

二、实验原理

锌二氧化锰纸板电池具有体积小、容量大、能大电流放电、连续使用时间长等优点,尤其锌型纸板电池大电流放电,连放特性好,称为高功率电池。

电极反应

阳极:$4Zn - 8e^- \longrightarrow 4Zn^{2+}$

$4Zn^{2+} + 8H_2O \longrightarrow 4Zn(OH)_2 + 8H^+$

$4Zn(OH)_2 + ZnCl_2 + H_2O \longrightarrow ZnCl_2 \cdot 4ZnO \cdot 5H_2O$

阴极:$8MnO_2 + 8e^- + 8H^+ \longrightarrow 8MnOOH$

电池成流反应

$4Zn + 9H_2O + ZnCl_2 + 8MnO_2 \longrightarrow 8MnOOH + ZnCl_2 \cdot 4ZnO \cdot 5H_2O$

高功率型纸板电池对浆层纸、碳棒、水含量、密封等有较严格要求,因此要选用适当的材料。

三、仪器和材料

仪器:打芯机;复压机;插碳棒机;上铜帽机;卷口机;电压表;电流表;各种模具。

材料:电池各零部件;锰粉;乙炔黑;$ZnCl_2$和NH_4Cl电解液;沥青。

四、实验步骤

(1)配制电液(实验室工作人员已配制)。电液配方(重量比):

$28\%\ ZnCl_2 + 3\%\ NH_4Cl + 69\%\ H_2O$

电液配制后用锌粒浸泡72h(温度60℃),再过滤后使用。

(2)拌粉(实验室工作人员已制作)。二氧化锰与乙炔黑的混合比例(质量比)为86∶14,再加入30%的蒸馏水,并搅拌均匀。拌粉完毕后要求放48h以上,要求粉料均匀一致,做到水分、含量、组分等一致。

(3)电芯(正极)制作。将正极粉料加入打芯机模具内,挤压成型。单支电芯质量为7.8±0.5g。

(4)按图15-1所示的电池装配流程进行装配电池实验。

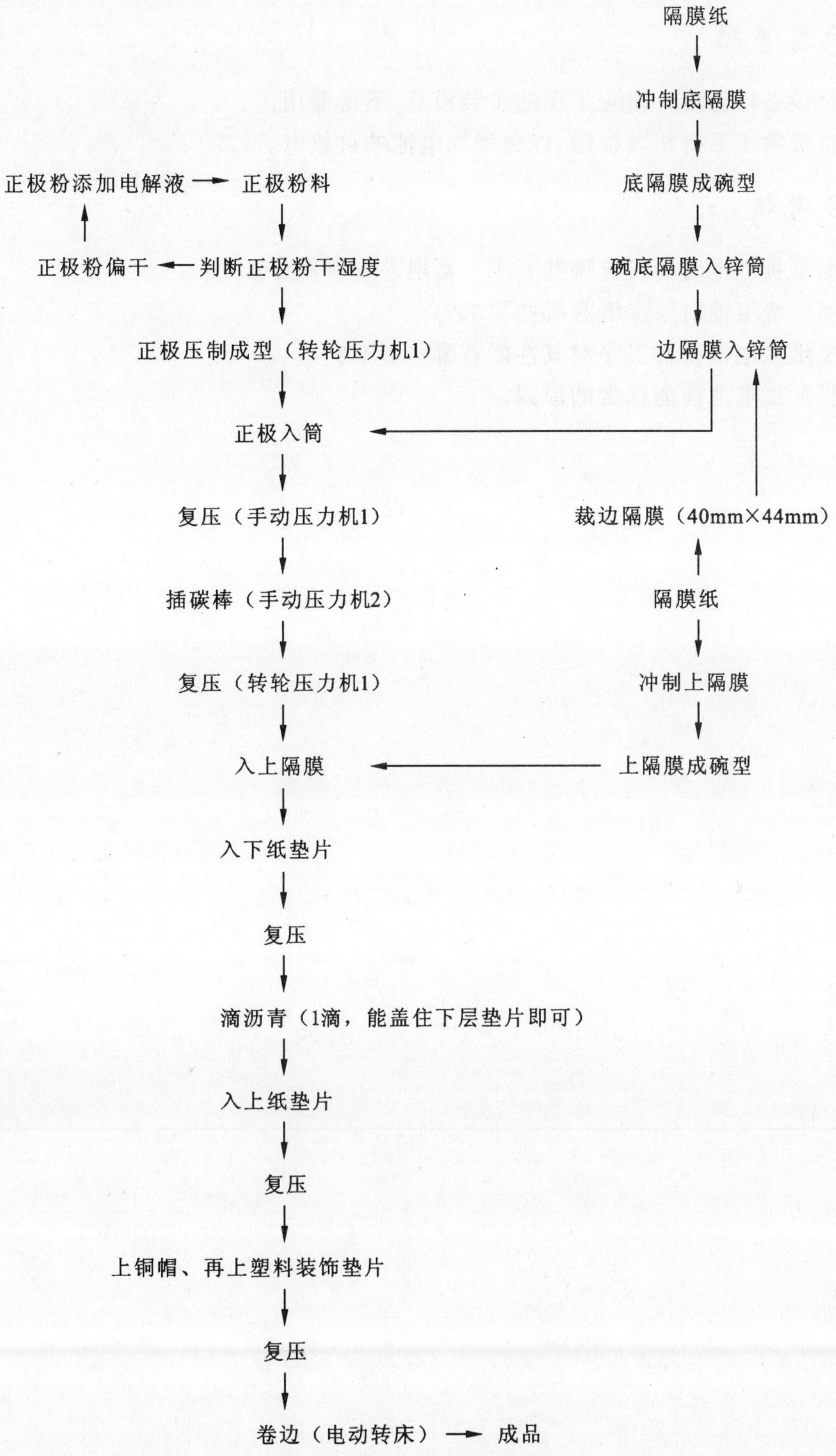

图 15-1　电池装配流程图

(5)电池电性能测试，检测电池的开路电压、短路电流、容量（常温下，39Ω 恒阻放电，终止电压为 0.9V）。

五、注意事项

(1)每台设备均已装有相应工序的工装模具,不得混用。

(2)正负极物质不得相互接触,以免增加电池的自放电。

六、思考题

(1)锌型纸板电池对粉料有哪些要求?对电芯有哪些要求?

(2)锌型纸板电池对浆层纸有哪些要求?

(3)锌型纸板电池密封工序对其性能有哪些影响?

(4)分析所做电池性能优劣的原因。

实验十六　不锈钢电解抛光

一、实验目的

(1)了解电解抛光的基本原理及其影响因素。

(2)掌握不锈钢电解抛光的一般工艺,初步学会操作。

二、实验原理

电解抛光是一种常用的电解加工方法,它是利用在电解过程中金属表面凸出部分的溶解速率大于凹入部分这一特点,对微观粗糙的金属材料表面进行处理,以使其光亮与平整的加工工艺。表面平滑、光亮的金属材料不仅美观,而且具有较强的防腐蚀性能。与一般的光亮浸蚀和机械抛光相比,电解抛光具有速度快、质量好、抛光液使用寿命长、不受工件形状影响等优点。

对钢铁、铝、铜等多种金属材料的电解抛光,一般均采用以 H_3PO_4 为主要成分的抛光液,以待加工工件为阳极(连接电源正极)、铅板为阴极。本实验以不锈钢抛光为例,工件不锈钢作阳极,铅板作阴极,在含 65% H_3PO_4、10% H_2SO_4、15% CrO_3 的电解液中进行电解抛光。主要电极反应式有:

阳极:$Fe - 2e^- \longrightarrow Fe^{2+}$

阴极:$Cr_2O_7^{2-} + 14H^+ + 6e^- \longrightarrow 2Cr^{3+} + 7H_2O$

$2H^+ + 2e^- \longrightarrow H_2\uparrow$

通常认为,在阳极附近还会发生以下两种反应,一是 Fe^{2+} 的氧化:

$$6Fe^{2+} + Cr_2O_7^{2-} + 14H^+ \longrightarrow 6Fe^{3+} + 2Cr^{3+} + 7H_2O$$

二是盐的生成:

$$2Fe^{2+} + 3HPO_4^{2-} \longrightarrow Fe_2(HPO_4)_3$$

$$2Fe^{3+} + 3SO_4^{2-} \longrightarrow Fe_2(SO_4)_3$$

当阳极附近 $Fe_2(HPO_4)_3$、$Fe_2(SO_4)_3$ 等盐类的浓度增加到一定程度时,会在阳极表面形成一层黏性薄膜,阻碍 Fe^{2+} 的扩散,使阳极发生极化,阳极发生反应的实际电势升高,即阳极的溶解速率减小。同时,由于在微观粗糙的工件表面上黏性薄膜的分布是不均匀的,凸起部分的膜较薄,其极化电势较小,铁的溶解反应速率也较凹入部分大,于是粗糙的阳极表面逐渐被整平。

电解抛光具有机械抛光所不具备的优点,但也有缺点,如在工件表面容易出现斑点,这主要是处理不当或电解液受污染所致。在实际应用中,影响电解抛光的因素主要有抛光液的配比、阴阳极面积比与极间距、阳极电流密度、温度等。另外,工件的预处理及后处理过程也是不可忽视的环节。

三、仪器、用具和材料

仪器：恒流稳压电源 1 台；电热板（800 W）1 块；水银温度计（0～100℃）1 根。

用具：不锈钢片（长 60mm、宽 40 mm，打孔）；铅板（长 60mm、宽 60mm，打孔）；电极挂钩（自制：取漆包线 10cm，用砂纸磨去两端漆层，然后一端弯成钩状，一端缠绕在玻璃棒上）；烧杯（500mL 和 100mL）各 2 只；玻璃棒；导线；砂纸（棕刚玉，粒度 60 目）；金相砂纸；鳄鱼夹；洗瓶。

材料：H_2SO_4；H_3PO_4；NaOH；Na_2CO_3；Na_3PO_4；Na_2SiO_3；CrO_3。

四、实验步骤

1. 除油液、抛光液、后处理浸泡液配方（由实验室工作人员配制）

（1）电化学除油液：30g/dm³ NaOH＋30g/dm³ Na_2CO_3＋30g/dm³ $Na_3PO_4 \cdot 10H_2O$＋4g/dm³ $Na_2SiO_3 \cdot 9H_2O$。

（2）抛光液（质量百分比浓度）：10% H_2SO_4＋65% H_3PO_4＋15% CrO_3。

（3）后处理浸泡液：3%Na_2CO_3。

2. 预处理

用棕刚玉砂纸打磨不锈钢片正反两面，将表面毛刺和氧化皮除去，再改用金相砂纸继续打磨至轻度划痕消去，冲洗干净，挂在电极挂钩上；然后放入经预加热、温度为 70℃ 的除油液中进行电化学除油（仪器装置图见图 16－1）。要求待加工钢片为阳极，铅板为阴极，并调节电极挂钩控制两极板平行且间距为 1～2cm，通过调节恒流稳压电源使阳极电流密度为 3A/dm²，时间为 3min。除油后趁热用去离子水将钢片冲洗干净，并迅速放入电解抛光液中进行抛光，以免钢片表面再次被氧化。

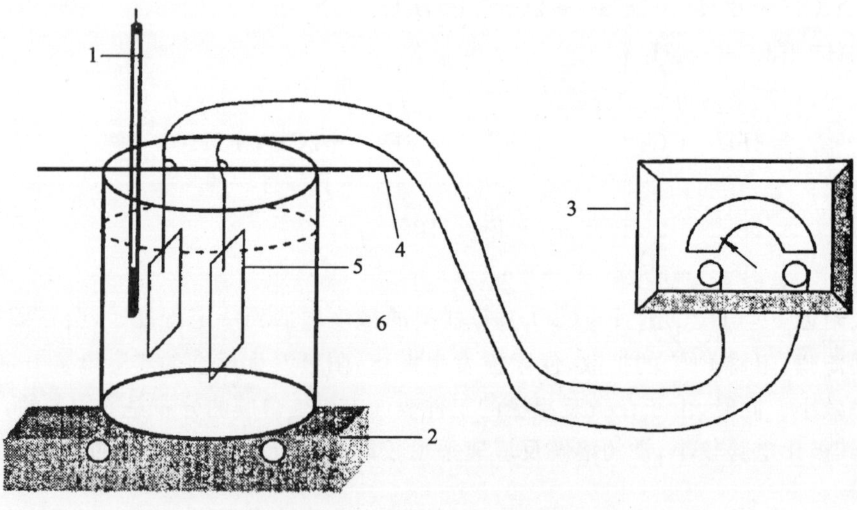

图 16－1 电解抛光实验仪器装置图

1. 水银温度计；2. 电热板；3. 恒流稳压电源；4. 玻璃棒；5. 电极板；6. 电解槽

3. 电解抛光

按图 16－1 装好各仪器，将经预处理的钢片作阳极，铅板作阴极，置于温度为 70～80℃电解抛光液中，要求控制极板间距为 1～2cm，阳极电流密度为 10～11A/dm^2，时间为 10min 左右。

4. 后处理

将抛光好的钢片用去离子水冲洗干净，放入 3% Na_2CO_3 溶液浸泡 5min，然后再冲洗、擦干，交实验指导老师评定质量等级。

5. 测评抛光质量

有条件的情况下可采用电动轮廓仪检测表面粗糙度。一般可由老师直接根据表面光洁程度评出等级。

五、注意事项

(1)阳极工件极板面积为 60mm×40mm 左右时，每 500cm^3 除油液可反复使用 10 次左右。

(2)配制抛光液时，应先将 CrO_3 溶于适量去离子水中，再将 H_3PO_4、H_2SO_4 依次加入，然后加去离子水至所需体积。

(3)每 500cm^3 抛光液(按每次抛光 10min 计)可连续使用 7 次左右。

(4)鉴于 Cr(Ⅵ)、Cr(Ⅲ)的毒性，抛光实验的废液应集中处理。

六、数据记录及处理

记录不锈钢电化学除油和电解抛光的工艺条件：阴阳极板材料、极板间距、温度、阳极电流密度、时间等。

七、思考题

(1)能否用 HCl 或 HNO_3 作为钢铁电解抛光液的主要成分？为什么？

(2)工件的预处理对电解抛光质量有何影响？在具体操作过程中应注意哪些问题？为何采用 3% Na_2CO_3 溶液作为后处理浸泡液？

(3)观察经本实验电解抛光后的不锈钢片，往往可以发现其正反两面的光洁度有一定差别，这是什么原因引起的？采取什么措施能够尽量减少这一差别？

(4)为什么电解抛光处理可以提高金属材料的防腐蚀性能？

(5)简述不锈钢电解抛光液的主要成分及其在抛光过程中所起的主要作用。

实验十七　钢铁发蓝处理

一、实验目的

(1)了解钢铁发蓝处理的原理和方法。

(2)掌握零件表面化学除锈和除油工艺。

二、实验原理

将钢铁零件放入含 NaOH 和 $NaNO_2$ 等药品的浓溶液中，在一定温度范围内使零件表面生成一层很薄(0.5～1.5μm)的蓝黑色氧化膜的过程叫发蓝(发黑)处理。这层氧化膜组织致密，能牢固地与金属表面结合，而且色泽美观，有较大的弹性和润滑性，能防止金属锈蚀。因此，在机械工业中得到广泛应用。

氧化膜(磁性 Fe_3O_4)的生成原理，可用反应方程式表示如下：

$$3Fe + NaNO_2 + 5NaOH = 3Na_2FeO_2 + NH_3 + H_2O$$

$$6Na_2FeO_2 + NaNO_2 + 5H_2O = 3Na_2Fe_2O_4 + NH_3 + 7NaOH$$

$$Na_2FeO_2 + Na_2Fe_2O_4 + 2H_2O = Fe_3O_4 + 4NaOH$$

三、仪器、用具和材料

仪器：恒流稳压电源 1 台；电热板(800W)1 块；水银温度计(0～100℃)1 根；发蓝槽 2 套。

用具：细铁丝(直径 2～5mm，长 100mm)；烧杯(250mL 和 500mL)各 2 个；酒精灯 1 个；滤纸。

材料：NaOH；$NaNO_2$；$K_4[Fe(CN)_6]$；$K_2Cr_2O_7$；Na_2CO_3；Na_2SiO_3；凡士林；HCl；肥皂；机油(10 号)；$CuSO_4$；H_2SO_4；0.1%酚酞酒精溶液；HCHO(甲醛)。

四、实验步骤

1. 发蓝液的配制

按每立方分米溶液中加 625gNaOH、225g$NaNO_2$和 15g$K_4[Fe(CN)_6]$配制。先把 NaOH 放入发蓝槽，加少量冷水，并加热至 100℃左右，溶解后再放入适量水，再加入 $NaNO_2$ 和 $K_4[Fe(CN)_6]$，补充水至所需要的量，然后加热至溶液沸腾(约 140℃左右)待用。新配制的溶液为乳白色，使用后颜色会加深。

2. 发蓝前零件表面的预处理

发蓝件表面必须光洁，不得有油脂、金属氧化物或其他污物，以免在发蓝中生成不均匀、不连续的氧化膜，甚至不生成氧化膜。因此，发蓝前零件表面必须彻底清理，清理包括机械清理、除油和酸洗除锈。

(1)机械清理:零件表面锈迹多时,可用细砂纸仔细擦拭,直至表面光洁。

(2)除油:把工件放入除油液(配方见表 17-1)中 20min 左右,然后拿出用流动清水冲洗,以除净残碱液。

表 17-1　钢铁零件发蓝处理工序过程

工序名称	溶液配比	处理温度(℃)	处理时间(min)
化学除油	50～60g/dm^3 NaOH 70～80g/dm^3 Na_2CO_3 10～15g/dm^3 Na_2SiO_3	105～110	20～30
清洗	流动水	室温或 50	1～2
酸洗	15%～30%HCl 0.5%～1.5%HCHO	室温	1～2
清洗	流动水	室温	1～2
氧化发蓝	625g/dm^3 NaOH 225g/dm^3 $NaNO_2$ 15g/dm^3 $K_4[Fe(CN)_6]$	140～150	30～60
清洗	流动水	室温	1～2
清洗	热水	90～100	1～2
皂化	20%～30%皂液	80～90	2～3
钝化	3%～5%$K_2Cr_2O_7$	90～95	5～10
清洗	热水	90～100	1～2
烘干	日光或烘箱	50	
浸油	10 号机油	沸油	2～3

(3)酸洗除锈:零件放入 15%～30%的 HCl 溶液里(含 0.5%～1%的甲醛缓蚀剂),浸泡 5～10min,取出在流动清水中洗净残酸。

3.氧化发蓝处理

把预处理好的零件立即放进温度 140℃左右的发蓝液里,之后会发现反应缓慢发生。随着温度的升高,反应剧烈进行,当温度升至 145℃以上时,零件表面就形成了黑色的氧化膜。为了增加膜的厚度,氧化时间不应少于 30min。在氧化过程中要经常活动零件,以使氧化膜均匀。如果 20min 后工件仍不变色或颜色呈不连续状,说明油污未除净,需拿出重新预处理,或调整发蓝液成分。

4.发蓝后的处理

(1)冲洗。工件从发蓝液中拿出后,应立即在流动清水里冲洗,把残留的碱性发蓝液冲净。是否冲净可用 0.1%酚酞酒精溶液的滤纸贴在工件表面上观察,如不显红色,说明残液已经冲净;若出现红色,需重新冲洗,必要时需用热水冲洗。

(2)皂化或钝化。把冲净的工件放在浓度为20%～30%的肥皂液里进行皂化处理，提高氧化膜的抗蚀性，皂化温度控制在80～90℃，时间2～4min；或者用浓度为3%～5%的$K_2Cr_2O_7$溶液进行钝化处理，温度在90～95℃，时间约10min。工件皂化或钝化处理后，需立即在沸水中清洗并去掉残液，然后晾干或烘干。

(3)浸油。为了提高膜的抗蚀力，填充孔隙，增强美观度，干燥后的工件应再浸入热油中以形成一层薄油膜。为了提高浸油效果，通常在油中加入5%的凡士林。浸油温度以油沸为好，时间为3～5min。

上述整个过程归纳于表17-1。

5.氧化膜的质量检查

质量检查包括氧化膜的外观色泽、致密性、抗蚀性和耐磨性，以及清洗质量和工件尺寸。

氧化膜的色泽根据工件材料成分不同，可以是深蓝色或蓝黑色，若是铸铁工件或高合金工件可呈现棕黑色。

氧化膜致密性检查，是把未浸油的工件浸入浓度为3%的中性$CuSO_4$溶液中1min，以工件表面上不出现铜色斑点为合格(工件棱边除外)。

氧化膜抗蚀性检查，是把未皂化浸油的工件浸入浓度约为0.2%的H_2SO_4溶液中2min后，用水清洗，零件表面以保持氧化色不变为合格。

五、数据记录及处理

记录钢铁发蓝产品的质量检验结果。

六、思考题

(1)钢铁发蓝的原理是什么？

(2)简述钢铁发蓝处理的工艺过程。

(3)比较金属电镀和钢铁发蓝处理的异同。

实验十八 铝阳极氧化与着色

一、实验目的

(1)初步掌握铝阳极氧化与着色的原理和工艺。

(2)了解各工艺过程及规范对氧化膜性质的影响。

二、实验原理

以铝或铝合金制品为阳极置于电解质溶液中，利用电解作用使其表面形成氧化铝薄膜的过程，称为铝及铝合金的阳极氧化处理。在大气中，铝及其合金的表面会自然形成一层厚度为40～50Å的薄氧化膜。这层氧化膜虽然能使金属稍微有些钝化，但由于它太薄，空隙率太大，机械强度低，所以不能有效地防止金属腐蚀。用电化学方法即阳极氧化处理后，可以在其表面成厚达几十到几百微米的氧化膜，且耐蚀能力很好。硫酸阳极氧化法所获得的氧化膜厚度在5～20μm之间，硬度较高，空隙率大，吸附性强，容易染色和封闭，而且具有操作简单、稳定、成本低等特点，故应用最广泛。

阳极氧化在工业上已得到广泛应用。归纳起来有以下几种分类方法：①按电流型式分有直流电阳极氧化、交流电阳极氧化、脉冲电流阳极氧化(可缩短达到要求厚度的生产时间，膜层既厚又均匀致密，且显著提高抗蚀性)。②按电解液分有硫酸、草酸、铬酸、混合酸和以磺基有机酸为主溶液的自然着色阳极氧化。③按膜层性质分有普通膜、硬质膜(厚膜)、瓷质膜、光亮修饰层、半导体作用的阻挡层等阳极氧化。

直流电硫酸阳极氧化法的应用最为普遍，这是因为它具有适用于铝及大部分铝合金的阳极氧化处理；膜层较厚，硬且耐磨，封孔后可获得更好的抗蚀性；膜层无色透明，吸附能力强，极易着色；处理电压较低，耗电少；处理过程不必改变电压周期，有利于连续生产和实践操作自动化；硫酸对人身的危害较铬酸小，货源广，价格低等优点。

铝阳极氧化的原理实质上就是水电解的原理。当电流通过时，将发生如下反应：

阴极上：$2H^+ + 2e^- \longrightarrow H_2$

阳极上：$Al - 3e^- \longrightarrow Al^{3+}$

$$4OH^- - 4e^- \longrightarrow 2H_2O + O_2$$

$$2Al^{3+} + 3O_2 \longrightarrow Al_2O_3$$

阳极上析出的氧不仅是分子态的氧，还包括原子氧以及离子氧，通常在反应中以分子氧表示。作为阳极的铝被其上析出的氧所氧化，形成无水的Al_2O_3膜。应指出，生成的氧并不是全部与铝作用，一部分以气态的形式析出。H_2SO_4还可以与Al和Al_2O_3发生如下反应：

$$2Al + 3H_2SO_4 \longrightarrow Al_2(SO_4)_3 + 3H_2\uparrow$$

$$Al_2O_3 + H_2SO_4 \longrightarrow Al_2(SO_4)_3 + 3H_2O$$

阳极氧化膜由两层组成，多孔的厚的外层是在具有介电性质的致密的内层上生长的，后者称为阻挡层(亦称活性层)。阻挡层是由无水的 Al_2O_3 所组成,薄而致密,具有较高的硬度和阻止电流通过的作用。氧化膜多孔的外层主要是非晶型的 Al_2O_3 和少量的 $\gamma-Al_2O_3 \cdot H_2O$ 以及含有电解液的阴离子。氧化膜的绝大部分优良特性(如抗蚀、耐磨、吸附、绝缘等)都是由多孔外层的厚度及孔隙率所决定的。然而这两者却与阳极氧化条件密切相关,因此可通过改变阳极化条件来获得满足不同使用要求的膜层。

膜厚是阳极氧化制品一个很主要的性能指标,其值的大小直接影响着膜层耐蚀、耐磨、绝缘及化学着色能力。在常规的阳极氧化过程中,膜层随着时间的增加而增厚。在达到最大厚度之后,则随着处理时间的延长而逐渐变薄,有些合金如 Al-Mg、Al-Mg-Zn 合金表现得特别明显。因此,氧化的时间一般控制在达最大膜厚时间之内。阳极氧化膜具有特殊的性能,如较高硬度和耐磨性、极强的附着能力、较强的吸附能力、良好的抗蚀性和电绝缘性及很高的热绝缘性,这些性能使其获得了广泛的应用。

铝阳极氧化膜的生成是在"生长"和"溶解"这对矛盾中发生和发展的。通电后的最初数秒中首先生成无孔的致密层(称无孔层,或者是阻挡层),它虽只有 0.01～0.015μm,可是具有很高的绝缘性。硫酸对膜产生腐蚀溶解,由于溶解的不均匀性,薄的地方(孔穴)电阻小,离子可以通过,反应继续进行,氧化膜生长,又伴随着氧化膜溶解。循环往复,控制一定的工艺条件特别是硫酸温度和浓度可使膜的生长占主导地位。

必须注意,氧化膜的生成和生长过程是由于氧离子穿过无孔层与铝离子结合成氧化膜的,与电镀过程恰恰相反,电极反应是在氧化膜与金属铝的交界处进行,膜向内侧面生长。

铝阳极氧化膜的生长和溶解规律可用其电压-时间曲线来说明,见图 18-1、图 18-2。

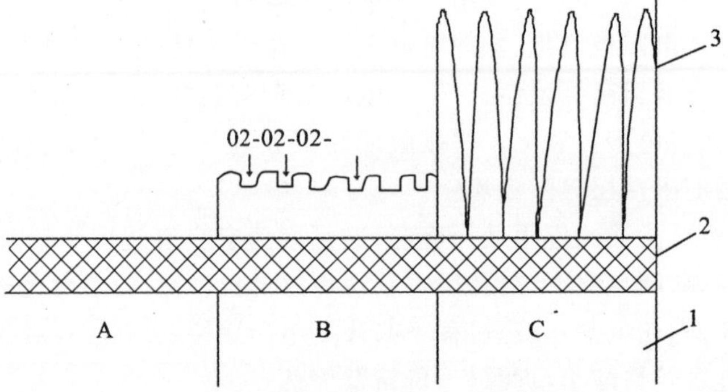

图 18-1　氧化膜生长阶段示意图

1. 氧化层;2. 无孔层;3. 多孔层

图 18-1 和图 18-2 中,A 区:在最初十多秒钟内曲线直线上升,电压急剧增高,说明生成的无孔层电阻增大,这时成膜占主导,阻碍了反应继续进行。当外电压高时,氧能穿过薄的地方继续反应。故无孔层的厚度取决于电压,即电压高时,无孔层相应增厚,反之亦然。

B 区:阳极电位达到最高值后开始下降,说明无孔层达到极限,一定电压下,由于硫酸腐蚀造成孔穴,电阻下降,电压下降。

C 区:一段时间后,电压稳定,这时膜在不断增厚(多孔层),无孔层则生长和溶解达到动态平衡,溶解和生长在孔穴底部进行,时间延长孔穴变成孔隙,逐渐形成一定厚度的氧化膜。

硫酸氧化膜多空隙,有很强的的化学活性,利用这一点,人们在铝阳极氧化膜上进行染色

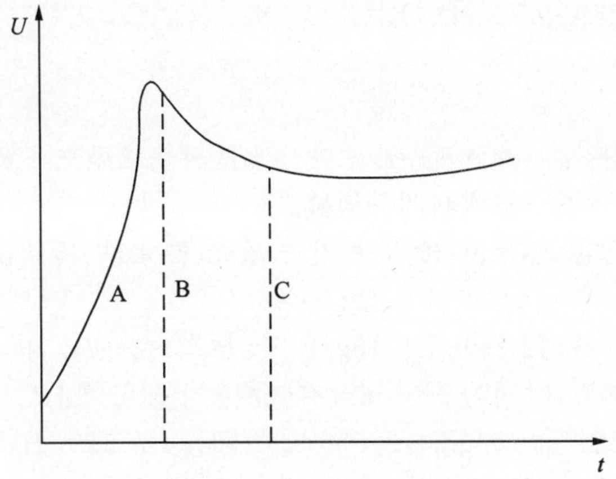

图 18-2　电压-时间曲线

或电解着色，达到耐腐蚀和装饰的双重效果。

有机染色是将氧化制品放入有机染色槽中，利用氧化膜的化学和物理吸附作用，将染色分子吸附于氧化膜微孔中而成色。有机染色色种很多，艳丽是其特点，但耐蚀、耐磨、耐光性差，只适用于室内装饰和五金制品的装饰。

电解着色是将氧化制品浸入含有金属盐的水溶液中，通入低压交流电，因氧化膜的阻挡层具有整流作用，金属离子在铝阴极的阻挡层上还原成金属胶态粒子，由于金属盐种类不同或由于金属沉积量不同、胶态粒子大小和粒度分布不同，对光波产生选择性吸收和散射作用而显示出不同的颜色。电解着色膜耐晒、耐热、耐光、耐磨性好、耐蚀性高，广泛用于建筑铝材、交通车辆等室内防护装饰。

铝阳极氧化膜无论着色与否、用于何种场合，都必须进行封孔处理，已达到防蚀、抗污等目的。常用的封孔方法有沸水法和常温法两类。

沸水法是将铝制品浸入纯水中煮沸约 30min，氧化膜与水反应生成 $Al_2O_3 \cdot H_2O$，因体积膨胀而将孔封闭。当水温低于 30℃时，可能生成 $Al_2O_3 \cdot 3H_2O$，这是不稳定的、具可塑性的水化物，这种水化物耐蚀性差，所以沸水法一定要在 95～100℃下进行。经过封闭处理后，铝制品表面变得均匀无孔，形成致密的氧化膜，不再具有吸附性，可避免吸附有害物质而被污染或早期腐蚀。

为节省能源，提高封闭质量和速度，20 世纪 80 年代已研制出常温快速封闭剂，它是金属的水能作用、氧化膜的水化作用以及形成表面络合物三种作用的综合利用，可在常温下迅速达到封闭的目的，其速度可提高一倍。

三、仪器、用具和材料

仪器：直流电解电源(0～24V)1 台；烧杯 (250mL，用作电解槽)2 只；烧杯(1 000mL，用作冷却槽)2 只；电热板(800 W)1 块；电流表 1 块；电压表 1 块。

用具：铝试片（长 80mm、宽 25mm、厚 1～3mm）5 片；不锈钢板或铅板（长 80mm、宽 40mm、厚 1～5mm，对电极）2 片。

材料：H_3PO_4；H_2SO_4；HCl；HNO_3；Na_3PO_4；Na_2CO_3；$C_{12}H_{25}OSO_3Na$(十二烷基硫酸钠)；

$K_4[Fe(CN)_6]$；$FeCl_3$；$PbAc_2$；$KMnO_4$；$K_2Cr_2O_7$；$Na_2S_2O_3$；$CoAc_2$。

四、实验步骤

(1)工艺流程：化学除油→热水洗→冷水洗→水洗→化学抛光→水洗→阳极氧化→水洗→着色(甲)→着色(乙)→水洗→热水封闭→检验。

(2)纯铝片经化学除油、热水洗、冷水洗、化学抛光、热水洗、冷水洗，存放于盛蒸馏水的烧杯中。

①化学除油液的配制(约 250mL)：40g/L Na_3PO_4 + 30g/L Na_2CO_3 + 1～2g/L $C_{12}H_{25}OSO_3Na$，温度为 60～70℃，时间为 2～4min(有气泡发生即可停止)。

②化学抛光液的配制(约 250mL)：37.5mL H_3PO_4 + 7.5mL H_2SO_4 + 5.0mL HNO_3，温度为 100～110℃，时间为 2～15min。

(3)按图 18-3 接好电路，分别挂上阳极(铝片接电源正极，计算铝片浸入溶液面积)、阴极(接电源负极)，将阳极氧化溶液倒入电解槽。实验过程中控制阳极电流密度不变，记录槽温和槽电压的变化。

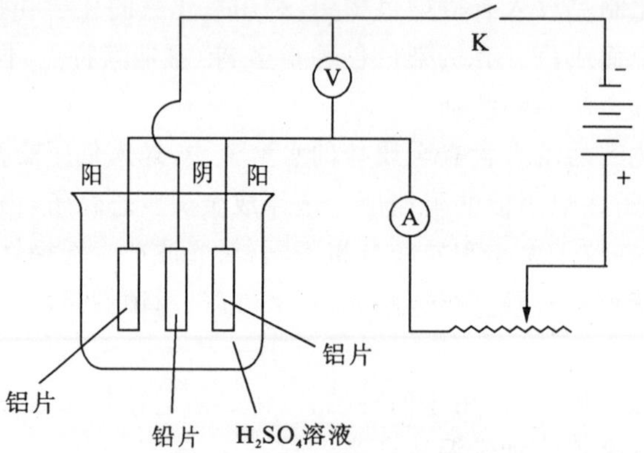

图 18-3　铝的阳极氧化装置

硫酸阳极氧化溶液的配制(约 350mL)：

190～200g/L H_2SO_4，阳极电流密度为 0.8～1.5A/dm^2，温度为 15～25℃，时间为 20～40min。

(4)氧化后的铝片用蒸馏水冲洗干净(不要用手摸试片)，取着色液(每种着色液只需约 250mL)，将铝片分别依次浸入甲溶液和乙溶液各 3min，进行染色。

①蓝色着色液　　甲：10～50g/L $K_4[Fe(CN)_6]$

　　　　　　　　乙：10～100g/L $FeCl_3$

②黑色着色液　　甲：(50～100g/L)$CoAc_2$

　　　　　　　　乙：15～25g/L $KMnO_4$

③金黄色着色液　甲：10～50g/L $Na_2S_2O_3$

　　　　　　　　乙：15～25g/L $KMnO_4$

④黄色着色液　　甲：50～100g/L $K_2Cr_2O_7$

　　　　　　　　乙：100～200g/L $PbAc_2$

五、注意事项

(1)阳极氧化时挂具与试片必须接触良好，松动将影响电流。每次实验前，接触点的氧化膜必须清除干净。

(2)电解槽需放在冷却槽内进行冷却保温，冷却槽放冷水，并保持低温。

(3)氧化后的试片不得用热水冲洗，不得用手摸。

(4)染色时着色液的温度保持 50～70℃。

六、数据记录与处理

写出实验报告。要求绘出实验装置图，记录各操作步骤及控制范围，分析观察实验现象，探讨各种因素对氧化膜性能的影响及其氧化膜形成机理。

七、思考题

(1)阳极氧化原理是什么？封闭的作用何在？沸水法封空的原理是什么？

(2)阳极氧化过程需要用到哪些仪器设备与药品(主要的)，其各自的作用是什么？

(3)影响铝片氧化膜形成的因素主要有哪些？一般实验室可通过哪些手段粗略检测氧化膜的性能(绝缘性及耐腐蚀性)？氧化膜的着色方法有几种？

(4)测定氧化膜厚度时，能否先对经过表面处理的铝片称重，然后再称量阳极氧化后的铝片质量，利用两者质量之差去计算氧化膜厚度？为什么？

(5)通过铝的阳极氧化可在铝片上形成氧化铝薄膜，以增加铝的防腐蚀性能。成膜性质如膜的厚度、孔隙度、均匀度等受氧化时多种因素的影响。请说出各种因素对成膜性质影响的辩证关系。如何对成膜的性质进行评价？

(6)为了工艺需要，可在铝片上进行着色处理。请说出几种不同的着色方法和原理以及简单的工艺过程。

(7)现在有软、硬两类金属铝片若干片，如果让你通过实验检验铝片的软硬度对电解法形成氧化膜厚度有何影响，该如何设计实验？需要哪些必要的仪器和药品？其步骤如何？

实验十九　腐蚀金属表面的不均匀性

一、实验目的

(1)掌握电极过程的阳极反应及阴极反应,判断不同条件下所构成的腐蚀电池的阳极区和阴极区。

(2)了解氧浓差电池的工作原理。

(3)了解杂质对金属基体腐蚀速度的影响。

(4)了解对金属腐蚀的防护。

(5)观察阴极面积的大小对腐蚀电流密度的影响。

二、实验原理

电化学腐蚀是由于处于电解液中的金属表面的不均匀性形成了原电池而引起的,不均匀性的原因是多方面的,如金属的化学成分不均匀,金相组织的不均匀,液相成分的不均匀以及物理条件的不均匀等。当两种或两种以上电极电位不相同的金属相互接触并置于电解质溶液中时,电极电位较负的金属成为原电池的阳极受到腐蚀,而电极电位较正的金属成为原电池的阴极不被腐蚀。即使是同一块金属,由于它的不均匀性,其表面各部分也具有不同的电位,因此,同一块金属也有阴极和阳极存在。利用指示剂所发生的颜色变化,即可判断腐蚀电池的阳极区和阴极区的位置。

阳极区:

$$Fe - 2e^- \longrightarrow Fe^{2+} \tag{19-1}$$

$$3Fe^{2+} + 2K_3[Fe(CN)_6](\text{指示剂}) \longrightarrow Fe_6[Fe(CN)_6]_2 \downarrow(\text{蓝色}) + 6K^+ \tag{19-2}$$

阴极区:

$$O_2 + 2H_2O + 4e^- \longrightarrow 4OH^-(\text{加酚酞变红}) \tag{19-3}$$

金属处于中性溶液中时,如果溶液中有溶解氧,则大多数情况下发生氧去极化腐蚀,即式(19-3),此时氧浓度较小的区域电极电位较低,成为阳极。

负电性金属在氧化性较弱的酸和非氧化性酸中的腐蚀都属于氢去极化腐蚀。对于纯金属来说,氢去极化腐蚀的阳极反应和阴极反应主要在整个均匀的金属表面上进行,没有明显的阳极区和阴极区的区域划分,此时金属的腐蚀速度除与阳极反应过程的特点有关外,还在很大程度上取决于该金属上析氢反应的过电位。当金属中含有电位比金属更正的杂质时,如果杂质上的氢过电位比金属上的氢过电位低,则阴极反应过程将主要在杂质表面上进行,杂质就成为阴极区,基体金属就成为阳极区,阳极过程和阴极过程将主要在表面的不同区域进行,此时杂质上的氢过电位的高低对基体金属的腐蚀速度有很大的影响。氢过电位高的杂质将使基体金属的腐蚀速度减小,而氢过电位低的杂质将使金属的腐蚀速度增大。

三、仪器、用具及材料

仪器:数字万用表2个;电炉1个。

用具:烧杯(50mL)3个;烧杯(500mL)5个;表面皿(直径80mm)6个;表面皿(直径120mm)5个;KCl琼脂凝胶盐桥("U"型管)3个。

材料:NaCl(3%);酚酞(1%);$K_3[Fe(CN)_6]$(5%);$K_3[Fe(CN)_6]$(0.1mol/dm^3);$CuSO_4$(0.5mol/dm^3);HCl(0.1mol/dm^3);$C_6H_{12}N_4$(六次甲基四胺)(20%);琼脂;钢片;铜片;锌片;铁钉;铁丝;纯锌粒;粗锌粒;酒精棉球。

四、实验步骤

(1)制备琼脂胶体。取100g H_2O、3g NaCl、2g琼脂煮沸后加2mL的5% $K_3[Fe(CN)_6]$和10滴酚酞,混匀,保温待用。

(2)用砂纸将1枚大铁钉表面打磨光亮,用无水酒精棉球擦拭后吹干,放入(大)表面皿1#中。用剪刀剪取长5cm、宽0.5cm的锌和铜各一片,8cm长的铁丝一根,在锌片和铜片的一端各钻一小孔,分别用小片砂纸打磨光亮(每次打磨后的砂纸扔掉,以免混淆),用无水酒精棉球擦拭后吹干。将铁丝与铜片连接起来,放在表面皿2#中,将锌片与铁丝连接起来,放入表面皿3#中,如图19-1所示。

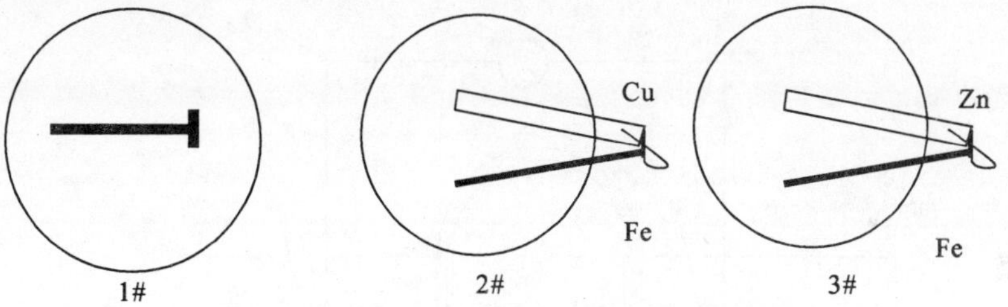

图19-1　琼脂胶体中的金属腐蚀实验示意图

(3)在3个表面皿中注入琼脂胶体(注意不要使铁丝与金属连接处接触凝胶,使之浸没表面皿中的金属)。静止、冷却、凝结后观察现象并记录,1h后再观察现象并记录,对实验现象作出解释。

(4)另在两个表面皿中各加入0.5mL的0.1mol/dm^3盐酸溶液,然后分别放入一粒大小相近的纯锌和粗锌,观察气泡产生情况,比较它们腐蚀速度的快慢,再向放纯锌的表面皿中滴入两滴0.5mol/dm^3 $CuSO_4$,观察有何现象产生,或取一根细铜丝,与纯锌接触,观察接触前后有何不同。

(5)重新取两个表面皿,各放入一枚已去锈的小铁钉,并向其中的一个表面皿中滴加6滴20% $C_6H_{12}N_4$,然后各加入适量的0.1mol/dm^3 HCl溶液(将铁钉浸没),2min后各加2滴0.1mol/dm^3 $K_3[Fe(CN)_6]$溶液。观察、比较两个表面皿中所呈现颜色的深浅。

(6)处理两块大钢片,按图19-2接好线路,烧杯内电解质溶液均为3%NaCl溶液。调整钢片的位置,使电压表的指示数字在零左右,然后用玻璃棒在左边的烧杯中剧烈搅拌,记下电流表、电压表的指示值。根据搅拌时电流、电压数字的变化,观察哪一块钢片为正极,哪一块钢片为负极。

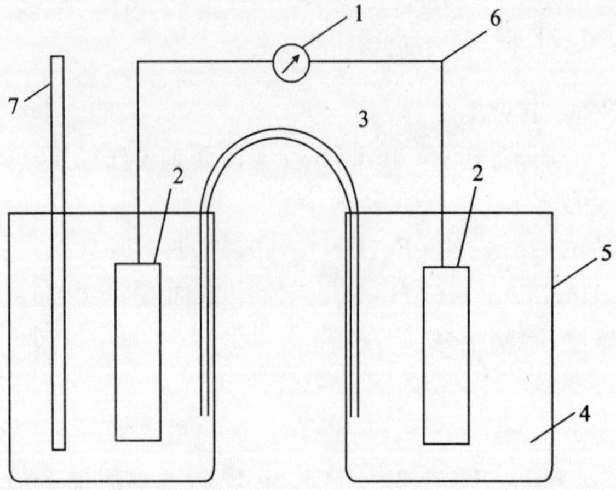

图 19-2　氧浓差电池示意图

1. 电压表；2. 钢片；3. KCl 琼脂凝胶盐桥；4. 溶液；5. 烧杯；6. 铜线；7. 玻璃棒

(7)处理钢片和铜片，按图 19-3 接好线路，烧杯内电解质溶液均为 3%NaCl 溶液。记下电流读数。缓慢地上下移动钢片，同时观察电流读数的变化情况，根据试验结果给出结论并作出解释。

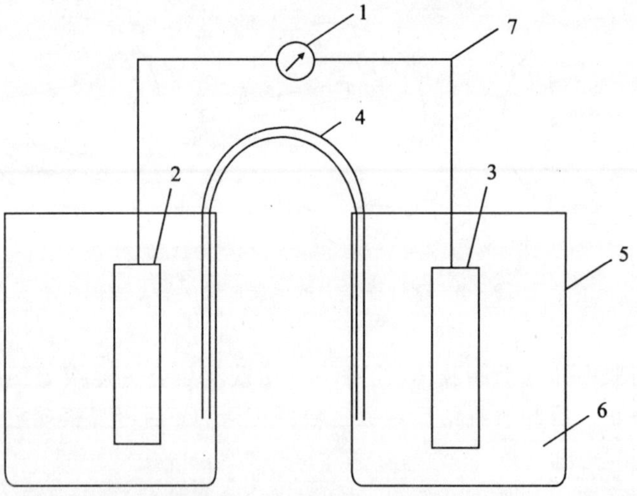

图 19-3　试验装置示意图

1. 电压表；2. 钢片；3. 钢片；4. KCl 琼脂凝胶盐桥；5. 烧杯；6. 溶液；7. 铜线

五、数据记录与处理

观察、记录、分析各实验现象。

实验二十　金属的电化学腐蚀及防护

一、实验目的

(1)了解金属电化腐蚀的基本原理及其影响因素。

(2)掌握防止金属腐蚀的原理及方法。

二、实验原理

金属在与周围介质作用下，因发生化学反应或电化学反应而引起的破坏称为金属腐蚀。单纯因发生化学反应而引起的腐蚀称化学腐蚀；当金属和电解质溶液接触时，因发生与原电池相似的电化学作用而引起的腐蚀称为电化腐蚀。电化腐蚀可以以电池形式发生，即整块金属构成腐蚀电池的阳极，与其相联系的另一种材料(金属或碳等)构成阴极；而电化腐蚀更普遍的形式是形成微电池，即金属材料的某一局部的主体金属构成阳极，其周围存在的杂质(另一种金属、碳或金属碳化物等)构成阴极。总之，在腐蚀电池中，总是较活泼的金属充当阳极发生氧化反应而被腐蚀；活泼性较差的金属或其他杂质充当阴极，电解质中的氧化性物质(离子或分子)在其表面获得电子发生还原反应。

对一定金属而言，影响其电化学腐蚀速度的主要因素是介质的温度和化学组成(成分、浓度)。一般来说，电解质的温度升高，有利于离子或分子在其中的迁移，从而加快电极反应速度，即加速金属的电化学腐蚀速度。

金属在酸性介质中通常发生析氢腐蚀，且酸性越强腐蚀速度越快，H^+在阴极还原为H_2析出：

阳极(Fe)：$Fe - 2e^- \longrightarrow Fe^{2+}$

阴极(杂质)：$2H^+ + 2e^- \longrightarrow H_2\uparrow$

总反应：$Fe + 2H^+ \longrightarrow Fe^{2+} + H_2\uparrow$

金属在弱酸性($pH \geqslant 4$)及中性介质中，主要发生的是吸氧腐蚀，反应为

阳极(Fe)：$2Fe - 4e^- \longrightarrow 2Fe^{2+}$

阴极(杂质)：$O_2 + 2H_2O + 4e^- \longrightarrow 4OH^-$

总反应：$2Fe + O_2 + 2H_2O \longrightarrow 2Fe(OH)_2$

产物$Fe(OH)_2$可进一步被O_2氧化：

$$4Fe(OH)_2 + O_2 + 2H_2O \longrightarrow 4Fe(OH)_3$$

$$4Fe(OH)_3 \longrightarrow Fe_2O_3 \cdot xH_2O$$

以上反应同时伴随热量的产生。

差异充气腐蚀是吸氧腐蚀的一种形式，它是因金属表面电解质中氧气的浓度(分压)分布不均匀引起的。由电极反应式：

$$O_2 + 2H_2O + 4e^- \longrightarrow 4OH^-$$

可得

$$E(O_2/OH^-)=E^0(O_2/OH^-)+\frac{0.059}{4}\lg\frac{p(O_2)}{c^0(OH^-)}$$

$p(O_2)$大的部位 $E(O_2/OH^-)$也大，$p(O_2)$小的部位 $E(O_2/OH^-)$亦小，于是就组成了一个氧的浓差电池：$p(O_2)$小处的金属成为阳极，发生氧化反应，被腐蚀；$p(O_2)$大处为阴极，O_2(加水)还原为 OH。

桥梁断裂、地桩损坏、锅炉爆炸、仪表失灵等危及人们生命和财产安全的事故，往往是由于金属的吸氧腐蚀引起的。为了防止金属的腐蚀，常采取以下措施和办法：①改善金属的组织结构以增加其抗腐蚀能力；②涂覆保护层，使金属与腐蚀介质隔绝；③控制环境、改善介质；④缓蚀剂法；⑤阴极保护法。

三、仪器、用具及材料

仪器：电子天平(精度为 0.1mg)1 台；毫伏表 1 台；水银温度计(0～100℃)1 根。

用具：铁电极(高 8mm、宽 5mm、厚 1～3mm)10 个；锌片(长 8mm、宽 5mm、厚 1～3mm)2 片；小铁钉；抽滤瓶(125mL)1 个；烧杯(50mL 和 100mL)各 2 只；试管(100mL)5 支；量筒(10mL 和 50mL)各 2 支；碱式滴定管(50mL)2 支；滴定管夹；铁架台；铁三角架；石棉网；酒精灯；试管架；盐桥；研钵；橡胶塞；橡胶管；“U”型玻璃管；镊子。

材料：H_2SO_4 (0.1mol/dm^3)；HCl (0.1mol/dm^3)；乌洛托品(20%)；NaCl(5%)；$K_3[Fe(CN)_6]$(0.1mol/dm^3)；酚酞(1%)；邻菲罗琳(0.1%)；活性炭(粒状，20～50 目)；还原铁粉(分析纯)；砂纸；白棉布(10cm×10cm)；粗棉线(15cm)；导线；去污粉；吸水纸；称量纸。

四、实验步骤

1. 吸氧腐蚀

(1)按图 20－1 装好仪器。

(2)检查装置是否漏气：松开抽滤瓶 7 的塞子，往水平管中注入适量自来水，使量气管和水平管中的水面都在 25mL 左右。上下移动水平管，以赶尽附在橡皮管和量气管中的气泡，然后盖紧抽滤瓶的塞子，使装置密封。移动水平管，使其与量气管产生约 15cm 的液面差，固定水平管的位置。观察 2～3min，若两管液面保持恒定，说明装置不漏气；否则，要检查原因并采取措施直至不漏气。

(3)称取 0.02～0.03g 活性炭和 1.0～1.1g 铁粉(准确记录铁粉质量)，倒入研钵内研磨，使活性炭颗粒研磨成粉末并与铁粉混合均匀，然后将混合物倒在白棉布中央，在其上滴加 2～3 滴 5%的 NaCl 溶液，滴完立即用带有橡胶塞的温度计轻轻搅匀(应呈豆沙状)，再迅速用白棉布将此混合物包住温度计水银球，并用棉线扎紧使之不落下。随即将温度计装入抽滤瓶中，迅速盖紧塞子(保证密封不漏气)，准确读出量气管的液面读数(取下水平管并平行靠拢量气管，上下移动调整其液面与量气管液面齐平时即可读数)，同时记下温度计读数(填入下表)。之后每隔 2min 照样读取一次量气管和温度计读数，直至温度降低接近初始温度，量气管读数基本不变为止。

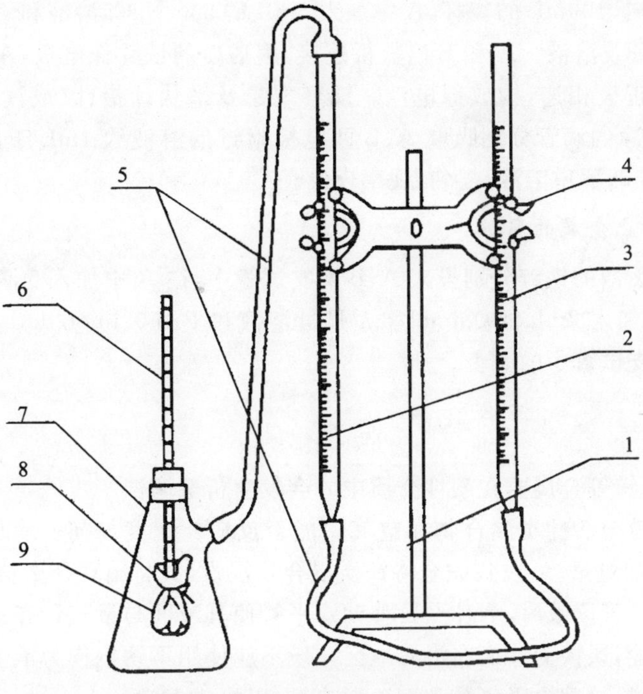

图 20-1　铁粉吸氧腐蚀实验装置图

1.铁架台；2.量气管；3.水平管；4.滴定管夹；5.橡皮管；6.温度计；
7.带胶塞抽滤瓶；8.捆扎棉线；9.包有铁炭混合物的白棉布

时间(min)	0	2	4	6	8	10	12	14	…
温度(℃)									
量气管读数(cm^3)									

(4)观察反应后混合物的颜色与反应前相比有何变化，以量气管最终读数与初始体积之差计算吸氧量，并估算铁粉被腐蚀的百分率：

吸氧量(cm^3)＝____________；铁粉被腐蚀的百分率(%)＝____________

2.差异充气腐蚀

(1)腐蚀液的配制：在试管中加入 1mL 5%的 NaCl 溶液，再加入 1 滴 0.1 mol/dm^3 的 $K_3[Fe(CN)_6]$和 1 滴 1%酚酞，摇匀备用。

(2)取 1 块锌片，用去污粉擦净油污和氧化层，用水洗净，再用吸水纸拭干。往锌片上滴 1～2 滴腐蚀液，静置 3～5min，仔细观察液滴边缘和内部的颜色变化。

3.温度、浓度对腐蚀速度的影响

(1)在两个 50mL 的烧杯中各加入 30mL 的 5% NaCl 溶液，将一个烧杯加热到约 70℃，然后将两个烧杯以盐桥相连接，各插入一干净的铁电极组成原电池。电极与毫伏计相连，观察电极上发生的变化和毫伏计指针的偏转(或读数的变化)情况 2～3min，设法证明原电池的正、负极。

(2)取A、B两个100mL的烧杯，A中加入5mL的5% NaCl溶液和45mL蒸馏水，B中加入50mL的5% NaCl溶液。A和B以盐桥连接，用洁净的铁片作电极，A与毫伏计的负极相连，B与毫伏计的正极相连，构成原电池。观察现象及毫伏计指针(或读数)变化的情况2～3min后，用两支干净的滴管分别吸取A、B两电极附近的溶液约1mL于两支试管中，再各加入5～6滴0.1%邻菲罗琳溶液，摇匀，观察现象。

4.缓蚀剂法防止金属的腐蚀

取两颗无锈、无油的铁钉分别投入A、B两支试管中，往A中加入5滴20%的乌洛托品溶液，再在A、B中各加入2mL的0.1mol/dm^3 HCl溶液和1滴0.1mol/dm^3 $K_3[Fe(CN)_6]$溶液，放置观察，比较两支试管中的颜色。

五、思考题

(1)为什么铁、锌等金属要在酸性介质中才会发生析氢腐蚀？

(2)干燥的铁粉与活性炭混合物在空气中能否反应？速度如何？滴加NaCl溶液起何作用？若NaCl溶液加量过多，以致完全将铁炭混合物浸没，又将出现什么情况？

(3)在读取量气管读数时，为什么要移动水平管使其液面与量气管齐平？

(4)联系本实验，谈谈为什么在沿海地区一般不应使用不锈钢作为承重结构材料？

(5)计算1g铁粉的理论吸氧量和理论发热量(以生成Fe_2O_3计)。

实验二十一　失重法测定金属腐蚀速度

一、实验目的

(1)掌握用失重法测定金属腐蚀速度的原理和方法。

(2)测定酸化缓蚀剂在浓盐酸溶液中的缓蚀效率。

二、实验原理

处于腐蚀介质的金属将不同程度地遭受腐蚀介质的腐蚀,根据腐蚀体系的具体情况可形成不同类型的腐蚀:均匀腐蚀、局部腐蚀。对于不同类型的腐蚀,其腐蚀速度有各自不同的表示方式及测定方法。

金属受到腐蚀介质的均匀腐蚀时,腐蚀速度表示方法一般有两种:一种是用在单位时间内、单位面积上金属失重(或增重)的质量来表示,通常采用的单位是 $g/(m^2 \cdot h)$;另一种是用单位时间内金属腐蚀的深度来表示,通常采用的单位是 mm/a。

目前测定金属的腐蚀速度的方法很多,有失重法、容量法、极化曲线法、电阻法、充电法、交流阻抗法等。失重法是一种经典的方法,适用于实验室和现场挂片实验,是测量金属腐蚀速度最可靠、最接近实际条件的方法之一,且设备、操作均较简单,但所需实验周期往往较长。

失重法是根据腐蚀前后金属试件质量的减少来测定金属的腐蚀速度。把做成一定几何形状和大小的试件放置在腐蚀环境中,按拟定的实验条件(如腐蚀介质的种类、浓度、温度等)处理一定时间后,取出试片比较其试验前后的质量变化,按下式计算腐蚀速度 v_w:

$$v_w = \frac{W_0 - W_1}{St}$$

式中,v_w 为腐蚀速度,$g/m^2 \cdot h$;W_0 为腐蚀前的试片质量,g;W_1 为腐蚀后的试片质量,g;S 为试片表面积,m^2;t 为试片时间,h。

用质量法表示腐蚀速度时,没有考虑金属比重。当两块表面积相同但密度不同的金属,如果腐蚀前后质量损失相同,其腐蚀深度就不会相同。显然,密度大的金属腐蚀深度浅一些。因此,采用腐蚀深度来评价金属腐蚀的速度稍合理些。以腐蚀深度 d 表示腐蚀速度,计算公式如下:

$$d = \frac{24 \times 365}{1\,000} \frac{v_w}{\rho} = \frac{8.76 v_w}{\rho}$$

式中,d 为腐蚀速度,mm/a;ρ 为金属的密度,g/cm^3;碳钢的 $\rho = 7.0 g/cm^3$。

利用有无缓蚀剂试验得到腐蚀速度后可按下式计算缓蚀剂的效率:

$$p = \frac{v_w - v_{w缓}}{v_w} \times 100\%$$

三、仪器、用具和材料

仪器：电子秤(精度为 0.1mg)2 台；恒温水槽 1 个；药物天平(精度为 0.1g)1 台；电吹风机 1 个；游标卡尺 1 把。

用具：碳钢试片(长 8mm、宽 5mm、厚 1～3mm)4 片；烧杯(500mL)3 只；表面皿(φ10cm)2 个；玻璃棒；干燥皿；镊子 2 把；托盘 1 个；砂纸(粗、细)；毛巾；纱布；刷子；棉球；尼龙细绳；汗布手套。

材料：HCl(10%)；丙酮；无水乙醇；缓蚀剂。

四、实验步骤

失重法装置示意图如图 21－1 所示。实验步骤如下：

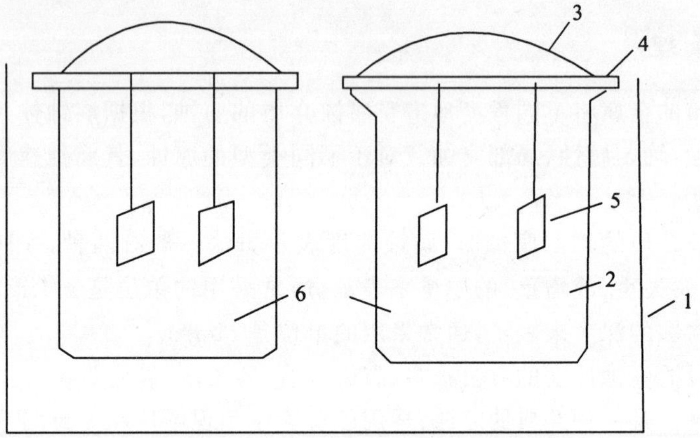

图 21－1　失重法装置示意图

1. 恒温水槽；2. 烧杯；3. 表面皿；4. 玻璃棒；5. 试片；6. 腐蚀液

(1)将恒温水槽通电加热，使水温恒定在 50℃左右。

(2)分别在两个 500mL 烧杯中加入 400mL 10%HCl 并在其中之一加入 1.2g 缓蚀剂，放在恒温水槽中加热。

(3)将碳钢试片表面依次用粗砂纸、细砂纸打磨至镜面后用自来水、蒸馏水冲洗，并用毛巾擦去水分，再用无水乙醇和丙酮浸洗，在干的毛巾和纱布上擦拭，然后用电吹风吹干。

(4)戴上汗布手套，测量碳钢试片的尺寸并称重。

(5)当水槽温度恒定后，将试片用尼龙绳吊好，挂在玻璃棒上，试片要完全浸没在腐蚀液中，同时记下时间。

(6)浸泡 1h 后，迅速取出试片，放入装有自来水的烧杯中。

(7)除去尼龙细线，依次用自来水、蒸馏水冲洗试片，再依次用无水乙醇、丙酮棉球擦试片，最后用电吹风机吹干。

(8)称重，计算质量。

(9)腐蚀实验后，将试片放入干燥器中保存。将腐蚀液倒入废酸缸内，关闭电源，清洗容器、手套、毛巾，收拾台面。

五、注意事项

（1）将研究电极的电极表面依次用粗砂纸、细砂纸打磨至镜面后用丙酮和无水乙醇洗净，在干的毛巾和纱布上擦拭，然后用电吹风吹干，即可供腐蚀试验用。

（2）测量尺寸和称重均需戴汗布手套。

（3）腐蚀实验后，将电极在自来水下用刷子刷洗后在干毛巾上擦拭，然后用吹风机吹干，放入干燥器中保存。

六、数据记录及处理

（1）将数据记录于下表中。

<table>
<tr><td colspan="2" rowspan="2">实验条件
实验情况
实验项目</td><td colspan="4">缓蚀剂浓度（质量百分比，%）</td></tr>
<tr><td colspan="2"></td><td colspan="2"></td></tr>
<tr><td colspan="2">试片编号</td><td></td><td></td><td></td><td></td></tr>
<tr><td rowspan="4">试件尺寸</td><td>长（cm）</td><td></td><td></td><td></td><td></td></tr>
<tr><td>宽（cm）</td><td></td><td></td><td></td><td></td></tr>
<tr><td>高（cm）</td><td></td><td></td><td></td><td></td></tr>
<tr><td>表面积（cm^2）</td><td></td><td></td><td></td><td></td></tr>
<tr><td colspan="2">腐蚀液成分</td><td></td><td></td><td></td><td></td></tr>
<tr><td rowspan="3">试片质量</td><td>腐蚀前（g）</td><td></td><td></td><td></td><td></td></tr>
<tr><td>腐蚀后（g）</td><td></td><td></td><td></td><td></td></tr>
<tr><td>失　重（g）</td><td></td><td></td><td></td><td></td></tr>
<tr><td rowspan="3">试验时间</td><td>浸入时间</td><td></td><td></td><td></td><td></td></tr>
<tr><td>取出时间</td><td></td><td></td><td></td><td></td></tr>
<tr><td>腐蚀时间（h）</td><td></td><td></td><td></td><td></td></tr>
<tr><td colspan="2">腐蚀速度[$g/(m^2 \cdot h)$]</td><td></td><td></td><td></td><td></td></tr>
<tr><td colspan="2">平均腐蚀速度[$g/(m^2 \cdot h)$]</td><td></td><td></td><td></td><td></td></tr>
<tr><td colspan="2">缓蚀率</td><td></td><td></td><td></td><td></td></tr>
</table>

（2）计算出碳钢试片的腐蚀速度[用 $g/(m^2 \cdot h)$来表示]。

（3）计算缓蚀剂在本实验条件下的缓蚀率。

实验二十二　盐雾腐蚀法测金属镀层耐蚀性能

一、实验目的

(1)熟悉盐雾腐蚀试验箱原理、作用及使用方法。

(2)熟悉盐雾腐蚀试验法试片评级方法。

二、实验原理

腐蚀是材料或其性能在环境的作用下引起的破坏或变质。大多数的腐蚀发生在大气环境中,大气中含有氧气、湿度、温度变化和污染物等腐蚀成分和腐蚀因素。盐雾腐蚀就是一种常见和最有破坏性的大气腐蚀。这里讲的盐雾是指含氯化物的大气,它的主要腐蚀成分是海洋中的氯化物,即 NaCl,它主要来源于海洋和内地盐碱地区。盐雾对金属材料表面的腐蚀是由于含有的氯离子穿透金属表面的氧化层和防护层与内部金属发生电化学反应引起的。同时,氯离子含有一定的水合能,易被吸附在金属表面的孔隙、裂缝排挤并取代氯化层中的氧,把不溶性的氧化物变成可溶性的氯化物,使钝化态表面变成活泼表面,造成对产品极坏的不良反应。

盐雾试验分为两大类:一类为天然环境暴露试验,另一类为人工加速模拟盐雾环境试验。人工模拟盐雾环境试验是利用一种具有一定容积空间的试验设备——盐雾试验箱,在其容积空间内用人工的方法造成盐雾环境来对产品的耐盐雾腐蚀性能质量进行考核。它与天然环境相比,其盐雾环境的氯化物的盐浓度,可以是一般天然环境盐雾含量的几倍或几十倍,使腐蚀速度大大提高,得出结果的时间也大大缩短。如在天然暴露环境下对某产品样品进行试验,待其腐蚀可能要 1 年,而在人工模拟盐雾环境条件下试验,只要 24h 即可得到相似的结果。

人工模拟盐雾试验又包括中性盐雾试验、醋酸盐雾试验、铜盐加速醋酸盐雾试验、交变盐雾试验。

(1)中性盐雾试验(NSS 试验)是出现最早、目前应用领域最广的一种加速腐蚀试验方法。它采用 5%的 NaCl 溶液,溶液 pH 值调在中性范围(6~7)作为喷雾用的溶液。试验温度均取 35℃,要求盐雾的沉降率在 1~2mL/80(cm^2h)之间。

(2)醋酸盐雾试验(ASS 试验)是在中性盐雾试验的基础上发展起来的。它是在 5%NaCl 溶液中加入一些冰醋酸,使溶液的 pH 值降为 3 左右,溶液变成酸性,最后形成的盐雾也由中性盐雾变成酸性。它的腐蚀速度要比 NSS 试验快 3 倍左右。

(3)铜盐加速醋酸盐雾试验(CASS 试验)是国外新近发展起来的一种快速盐雾腐蚀试验,试验温度为 50℃,盐溶液中加入少量铜盐,即 $CuCl_2$,强烈诱发腐蚀。它的腐蚀速度大约是 NSS 试验的 8 倍。

(4)交变盐雾试验是一种综合盐雾试验,它实际上是中性盐雾试验加恒定湿热试验。它主要用于空腔型的整机产品,通过潮态环境的渗透,使盐雾腐蚀不但在产品表面产生,也在产品内部产生。它是将产品在盐雾和湿热两种环境条件下交替转换，最后考核整机产品的电性能和机械性能有无变化。

实际工作中应用最广的是中性盐雾试验。中性盐雾试验是在试验箱内喷雾，模拟海水环境的加速腐蚀方法，其耐受时间的长短决定耐腐蚀性能的好坏。盐雾箱容积应不小于0.12 m^3、箱内温度35±2℃、喷雾压力为70～170kPa、盐雾收集器至少两个，收集面积各80cm^2，每个收集器收集溶液。被试面与垂直方向成15°～30°，让盐雾自由沉降在被测面上，不能直接喷射，试验支架用玻璃、塑料制造，试件不能相互接触、互相滴液。

盐雾试验标准是对盐雾试验条件，如温度、湿度、NaCl溶液浓度和pH值等作的明确具体规定，另外还对盐雾试验箱性能提出技术要求。同种产品采用哪种盐雾试验标准要根据盐雾试验的特性和金属的腐蚀速度及对盐雾的敏感程度选择。盐雾试验标准主要有：GB/T2423.17—1993《电工电子产品基本环境试验规程试验Ka：盐雾试验方法》、GB/T2423.18—2000《电工电子产品环境试验第2部分：试验试验Kb：盐雾，交变（氯化钠溶液）》、GB5938—1986《轻工产品金属镀层和化学处理层的耐腐蚀试验方法》、GB/T1771—1991《色漆和清漆耐中性盐雾性能的测定》、GB6461—1986《金属覆盖层对底材为阴极的覆盖层腐蚀试验后的电镀试样的评级》。

盐雾试验的目的是为了考核产品或金属材料的耐盐雾腐蚀质量，而盐雾试验结果判定正是对产品质量的宣判，它的判定结果是否正确合理是能否正确衡量产品或金属抗盐雾腐蚀质量的关键。盐雾试验结果的判定方法有：评级判定法、称重判定法、腐蚀物出现判定法、腐蚀数据统计分析法。

评级判定法是把腐蚀面积与总面积之比的百分数按一定的方法划分成几个级别，以某一个级别作为合格判定依据，它适合对平板样品进行评价。称重判定法是通过对腐蚀试验前后样品的质量进行称重的方法，计算出受腐蚀损失的质量来对样品耐腐蚀质量进行评判，它特别适用于对某种金属耐腐蚀质量进行考核。腐蚀物出现判定法是一种定性的判定法，它以盐雾腐蚀试验后，产品是否产生腐蚀现象来对样品进行判定，一般产品标准中大多采用此方法。腐蚀数据统计分析方法提供了设计腐蚀试验、分析腐蚀数据、确定腐蚀数据的置信度的方法，它主要用于分析、统计腐蚀情况，而不是具体用于某一具体产品的质量判定。

本试验采用腐蚀试验箱来进行，镀件根据GB6461—1986《金属覆盖层对底材为阴极的覆盖层腐蚀试验后的电镀试样的评级》判定。

三、仪器、用具和材料

仪器：盐雾腐蚀试验箱1台。

用具：镀件2个。

材料：NaCl溶液（45～50g/L）。

四、实验步骤

1. 试验条件

试验箱内温度为35±2℃，相对湿度大于95%，试验溶液为NaCl溶液（用蒸馏水或去离子水配制，浓度为50±5g/L。溶液pH值为6.5～7.2，原则上不应含铜、镍离子，Na_2S含量小于0.1%）。

喷雾量的大小和均匀性一般由设备而定，控制在 1～2mL/(h · 80cm^2)。喷雾量的测量方法为：将 4 个收集器(可用直径 10cm 的玻璃漏斗通过塞子插入量筒中)放在盐雾箱内的不同部位，开动盐雾箱连续喷雾 8h，计算 80cm^2 的集雾器每小时平均降雾的毫升数。

2. 试样

试样的类型、数量、形状和尺寸应根据受试镀层或产品的规范来规定。试验前必须对试样进行清净处理，但不得损坏其表面。试样在试箱内应与垂线呈 15°～30°角，摆放在惰性材料制成的试架上。

3. 试验方式

按喷雾时间可分两种，第一种方式为间断喷雾，即每天喷雾 8h，停机存放 16h 为一周期。目前国际上普遍用第二种方式，即连续喷雾，推荐试验周期时间为：2h、6h、16h、24h、48h、96h、240h、480h、720h。在规定的试验周期内，喷雾不得中断，只有当需要短暂观察试样时，才能打开盐雾箱。

4. 试验后试件的清洗与评价

试验结束后，从箱内取出试样。为了减少去除腐蚀产物的危险，试样在清洗前干燥 0.5～1h。试样检查前，从试样表面小心除去喷雾溶液的残留物，为此可将试样在温度不超过 40℃ 的蒸馏水中轻轻地清洗或浸渍，然后立即吹干。

记录镀件试验后的外观、去除表面腐蚀产物后的外观，腐蚀缺陷的分布和数量，开始出现腐蚀前经历的时间，然后评定试验等级。

五、数据记录与处理

分析讨论本试验检测结果，根据表 22－1 判定电镀层性能优劣。

表 22－1 试片评定等级表

缺陷面积百分比(%)	评定等级	缺陷面积百分比(%)	评定等级
0<0.10	10	2.51～5.00	4
0.11～0.25	9	5.01～10.00	3
0.26～0.50	8	10.01～25.00	2
0.51～1.00	7	25.01～50.00	1
1.01～2.50	6	>50.00	0

参考文献

陈体衔. 实验电化学[M]. 厦门:厦门大学出版社,1993.
贾铮,戴长松,陈玲. 电化学测量方法[M]. 北京:化学工业出版社,2006.
刘永辉. 电化学测试技术[M]. 北京:北京航空学院出版社,1987.
努丽燕娜,王保峰. 实验电化学[M]. 北京:化学工业出版社,2007.